日本の火山 ウォーキングガイド

魅力と脅威が伝わる 22 スポット

特定非営利活動法人 **火山防災推進機構** 編

丸善出版

はじめに

　火山は噴火によって成長する山である。本書で紹介する 22 火山のうち 21 山は過去 1 万年以内に噴火した「活火山」であり、今後も噴火する可能性を秘めている。執筆者は長年にわたり火山の研究や防災にかかわってきた研究者であり、火山の魅力とともに火山の怖さも知っている方々である。

　火山噴火は、地下深くからマグマが地表に噴出することによって引き起こされる。火山活動は数万から数百万年間にわたり継続し、断続的に発生する噴火で噴出したマグマは火山弾、軽石、火山灰や溶岩などとして火口のまわりに堆積して火山が形成される。

　日本を代表する火山、富士山は、ほぼ同じ場所で幾多の噴火をくり返し、頂きを高め、すそ野を広げ円錐形の美しい姿を持つにいたった。しかし、八甲田山や霧島山のように噴火の場所が移動していくつかの峰からなる火山、北海道駒ケ岳や磐梯山のように山体を破壊する活動を経験した独特な山容の火山も多い。また、北海道や九州では、阿蘇山のように巨大噴火でできた窪地、カルデラの中や縁で噴火活動が始まり成長した火山がいくつも存在する。そのようなさまざまな火山活動の積み重ねが、それぞれに独特の形態と魅力的な景観を有する多様な日本の火山を形作っている。

　火山の恵みといえば、こうしてつくり上げられた魅力的な景観や温泉を連想するが、水をたたえた火口やカルデラ、火山活動の副産物である山麓の湖沼、湧水や滝などの存在も忘れてはならない。そして、荒々しい山頂とは対照的に裾野には豊かな植生が広がり、人々は農業を営み、訪れる人々に安らぎと憩いの場を提供する仕事などに従事している。

　他方、火山は噴火という人間にとって危険な振る舞いをくり返すことで本来の魅力を取り戻す。浅間山、雲仙普賢岳や桜島などは、噴火の脅威や災害を知

り、火山と人とのかかわりを考える絶好の場である。活火山と安全に付き合う原則は「火口の傍には長居しない」ことであり、火山の活動状況に応じて「火山と適当な間合いを取る」ことである。

　本書「火山ウォーキング」が火山の魅力と驚異にふれ、火山の成り立ちと脅威を知る一助になれば幸いである。

　2016年9月

特定非営利活動法人　火山防災推進機構

執筆者一覧

■ 総監修

新堀　賢志　　特定非営利活動法人火山防災推進機構

■ 監　修

石原　和弘　　京都大学名誉教授

植木　貞人　　特定非営利活動法人火山防災推進機構

中田　節也　　東京大学地震研究所

■ 執　筆（　）の数字は担当した場所

井村　隆介　　鹿児島大学大学院理工学研究科（21）

植木　貞人　　特定非営利活動法人火山防災推進機構（03・05・06）

大石　雅之　　立正大学地球環境科学部（09）

川邊　禎久　　産業技術総合研究所地質調査総合センター（11）

鈴木　桂子　　神戸大学海洋底探査センター（16）

鈴木　雄介　　伊豆半島ジオパーク推進協議会（10）

須藤　靖明　　阿蘇火山博物館（17・18・19）

寺田　暁彦　　東京工業大学理学院火山流体研究センター（13）

土井　宣夫　　岩手大学教育学部（04）

中村　洋一　　宇都宮大学名誉教授（07）

新堀　賢志　　特定非営利活動法人火山防災推進機構（12）

福島　大輔　　特定非営利活動法人桜島ミュージアム（22）

前田　敦司	特定非営利活動法人かんなべ自然学校 (15)
松島　　健	九州大学地震火山観測研究センター (20)
松原　典孝	兵庫県立大学地域資源マネジメント研究科 (15)
萬年　一剛	神奈川県温泉地学研究所 (08)
安井　真也	日本大学文理学部 (14)
吉本　充宏	山梨県富士山科学研究所 (01・02・13)

(五十音順・2016 年 9 月現在)

目　　次

■ 火山ウォーキングを安全に楽しむために　1

■ 本書の使い方　5

★はコースの難易度をあらわす
★☆☆…散歩程度
★★☆…軽いハイキング
★★★…ややきつい

北海道

■ 01　樽前山（北海道）★★★　6
■ 02　北海道駒ヶ岳（北海道）★★★　14

東　北

■ 03　八甲田山（青森県）★★★　24
■ 04　岩手山（岩手県）★★★　32
■ 05　秋田駒ヶ岳（秋田県）★★☆　42
■ 06　吾妻山（福島県）★☆☆（1）、★★☆（2）　48
■ 07　磐梯山（福島県）★★☆　56

関　東

■ 08　箱根山（神奈川県・静岡県）★★☆　64
■ 09　富士山 宝永火口（静岡県）★★★　74
■ 10　伊豆東部火山群（静岡県）★☆☆　84
■ 11　伊豆大島（東京都）★☆☆　94
■ 12　三宅島（東京都）★☆☆　104

中部・甲信越

■ 13　草津白根山（群馬県・長野県）★☆☆　110
■ 14　浅間山（長野県・群馬県）★★★　122

■ 15 神鍋山（兵庫県） ★☆☆ 132
■ 16 三瓶山（島根県） ★★★ 142

九　州
■ 17 鶴見岳・伽藍岳（大分県） ★★☆ 150
■ 18 九重山（大分県） ★★☆ 156
■ 19 阿蘇山（熊本県） ★★☆ 162
■ 20 雲仙岳（長崎県） ★★★ 170
■ 21 霧島山（宮崎県・鹿児島県） ★☆☆ 180
■ 22 姶良カルデラと桜島（鹿児島県） ★☆☆ 192

■ あとがき　201
■ 索　引　203

火山ウォーキングを
安全に楽しむために

○本書は、火山の中でも特に火口に焦点をあてて、ウォーキングルートを紹介している。なぜなら火口は、地下深くにあるマグマの通り道であるため、その周辺には非火山性の山では決して見られない景色を楽しむことができる特別な場所だからである。

○一方、火口は噴火したり、火山ガスを出したりする危険な場所であるため、十分な準備や心構えが必要である。

・一般的なハイキングと同様に、山中での落石や雷、ウォーキング道でのマムシやスズメバチ、およびクマなどの大型哺乳類、寒冷地での体温低下などには十分な注意や準備が必要である。

・火山噴出物の上を歩くときは、滑ったり、突起が多くあったりするため、滑らない頑丈な靴を履き、万が一、転倒したときのために、肌の露出が少ない厚手の服装や軍手などで、肌や手を守ることが必要である。

・火口付近では、突然の小噴火、火山ガスなどの危険もあるため、気象庁からの噴火警報または噴火警戒レベルや、自治体の避難情報などを確認したり、場所によってはガスマスク・ヘルメットなどの準備が必要である。日本火山学会ホームページにある「安全に火山を楽しむために」などを参照するとよい。地鳴りや強い火山ガス臭、振動などを感じたら直ちに下山したい。

○活火山では明瞭な前兆現象がなく突然噴火する危険性が存在することを理解し、登山前は避難路を調べ、登山中は火口からの距離をイメージするなど、常にこれらを念頭に置いて行動することが望まれる。

・万一噴火に遭遇した場合には、近くの堅牢な建物に避難する。それがない場合には、大きな岩陰などに身を隠してリュックサックなどで頭部を覆い噴石から身を守るとともに、ぬれタオルなどを口と鼻に当てて火山ガスや火山灰を吸い込まないようにし、安全を確保しながら下山したい。
・2014年9月27日の御嶽山の噴火では、登山者に死者56名、行方不明者7名（2014年10月現在）が発生した。この時の噴火警戒レベル1（平常）であったことから、火山は突然の噴火などに遭遇する危険があることを忘れてはならない。

噴火警戒レベルが運用されている火山（気象庁ホームページも参照のこと）

種別	名称	対象範囲	レベル（キーワード）	火山活動の状況
特別警報	噴火警報（居住地域）または噴火警報	居住地域およびそれより火口側	レベル5（避難）	居住地域に重大な被害を及ぼす噴火が発生、あるいは切迫している状態と予想される。
			レベル4（避難準備）	居住地域に重大な被害を及ぼす噴火が発生すると予想される（可能性が高まってきている）。
警報	噴火警報（火口周辺）または火口周辺警報	火口から居住地域近くまでの広い範囲の火口周辺	レベル3（入山規制）	居住地域の近くまで重大な影響を及ぼす（この範囲に入った場合には生命に危険が及ぶ）噴火が発生、あるいは発生すると予想される。
		火口から少し離れた所までの火口周辺	レベル2（火口周辺規制）	火口周辺に影響を及ぼす（この範囲に入った場合には生命に危険が及ぶ）噴火が発生、あるいは発生すると予想される。
予報	噴火予報	火口内など	レベル1（活火山であることに留意）	火山活動は静穏。火山活動の状態によって、火口内で火山灰の噴出などが見られる（この範囲に入った場合には生命に危険が及ぶ）。

○火山に関する情報について

・日本の活火山は、気象庁により監視・観測されており、その活動が活発化した場合は、噴火警報または噴火警戒レベルが発表される。市町村からは、それに伴い避難情報が発令される。

○火山ウォーキングをより楽しむための準備

・溶岩などの火山噴出物の断面には、美しい結晶や、溶岩がまだ液体としてドロドロと流れていたときの構造を観察することができる。観察には、岩石用のルーペがあるとよい。

噴火警戒レベルが運用されていない火山（気象庁ホームページも参照のこと）

種別	名称	対象範囲	警戒事項など（キーワード）	火山活動の状況
特別警報	噴火警報（居住地域）または噴火警報	居住地域およびそれより火口側	居住地域およびそれより火口側の範囲における厳重な警戒 **居住地域厳重警戒**	居住地域に重大な被害を及ぼす噴火が発生、あるいは発生すると予想される。
警報	噴火警報（火口周辺）または火口周辺警報	火口から居住地域近くまでの広い範囲の火口周辺	居住地域近くまでの広い範囲の火口周辺における警戒 **入山危険**	居住地域の近くまで重大な影響を及ぼす（この範囲に入った場合には生命に危険が及ぶ）噴火が発生、あるいは発生すると予想される。
		火口から少し離れた所までの火口周辺	火口から少し離れた所までの火口周辺における警戒 **火口周辺危険**	火口周辺に影響を及ぼす（この範囲に入った場合には生命に危険が及ぶ）噴火が発生、あるいは発生すると予想される。
予報	噴火予報	火口内など	**活火山であることに留意**	火山活動は静穏。火山活動の状態によって、火口内で火山灰の噴出などが見られる（この範囲に入った場合には生命に危険が及ぶ）。

・現地では、対象とする火山を紹介するプロのガイドさんがいたり、自然観察館や観光案内所などにはガイドマップが置いてあることもあるので、利用するとよい。

・火口はサイズや浸食の度合いにもよるが、地形図で識別できる場合が多い。国土地理院から発行されている地形図（2万5,000分の1くらい）だけでなく、赤色立体図や火山地質図などの地図も準備するとよい。

・本書では、火口を近傍だけでなく遠望から安全に楽しめるよう紹介している場合があるため、双眼鏡もあるとよい。

○その他の留意点

・本書で紹介する火山にアクセスする場合は、公共交通機関（電車、バス、飛行機、船）や自家用車を用いることが多いため、時刻表などの確認も重要である。

・ウォーキングには十分な休憩・休息が必要であるため、無理のない計画を立てる。

・火山周辺の状況や注意点については、登山道などがある自治体などに、事前に確認しておくとよい。

・火山の多くは、国立公園や国定公園に指定されているため、岩石などの採取は禁じられていることを留意する。

〈参考〉

・日本火山学会ホームページ：「安全に火山を楽しむために」

・気象庁ホームページ：「火山登山者向けの情報提供ページ」

本書の使い方

★はコースの**難易度**をあらわす
★☆☆…散歩程度
★★☆…軽いハイキング
★★★…ややきつい

🗻 はコース中に見られる**火山地形**または**火山噴出物**をあらわす

🔍 は**見どころ**をあらわす
地学的あるいは観光的に立ち寄ってみたい場所

🚶 は**標準的なコース**をあらわす

👀 はコースから少しはずれるが、**行ってみたい場所**

方角は**上が北**をあらわす

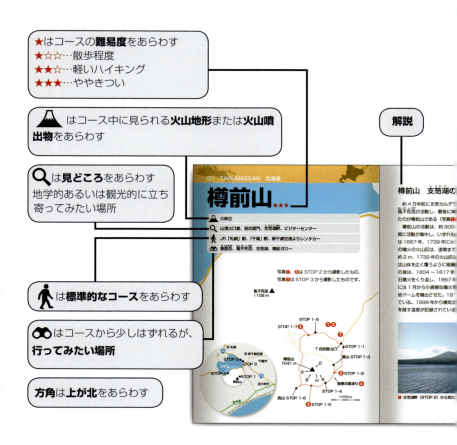

※ 地名は 2016 年 9 月現在の行政上の地名

01 TARUMAESAN 北海道

樽前山 ★★★

🗻 火砕丘

🔍 山頂火口原、苔の洞門、支笏湖畔、ビジターセンター

🚶 JR「札幌」駅、「千歳」駅、新千歳空港よりレンタカー

🔭 恵庭岳、風不死岳、支笏湖、樽前ガロー

写真❶、❻は STOP 2 から撮影したもの、
写真❼は STOP 3 で撮影したものです。

風不死岳 ▲
1102 m

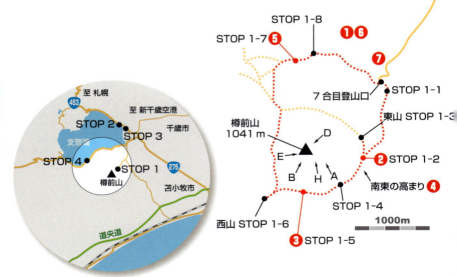

樽前山　支笏湖の末っ子

　約4万年前に支笏カルデラが形成した後、後カルデラ火山として恵庭岳や風不死岳が活動し、最後に南東カルデラ壁上に約9000年前に活動を開始したのが樽前山である（写真❶）。

　樽前山の活動は、約9000年前、2500年前、江戸時代以降の3つの時期に活動が集中し、いずれも爆発的噴火をくり返している。江戸時代の活動では1667年、1739年に火砕流を伴う大規模な軽石噴火を起こした。これらの噴火の火山灰は、道東まで到達し、1667年の火山灰は苫小牧の市街地で約2m、1739年の火山灰は千歳市街で1mの厚さで堆積している。火砕流は山体を広く覆うように堆積し、緩やかな傾斜を持つ斜面を形成している。その後は、1804〜1817年に小規模な軽石噴火を、1874年に中規模な軽石噴火をくり返し、1867年には溶岩ドーム噴火を起こしている。1909年には1月から小規模な噴火をくり返し、4月17日からの2日間で現在の溶岩ドームを噴出させた。1917〜1981年にはたびたび水蒸気噴火を起こしている。1999年から噴気活動が活発化し、最も活発なA火口では、600℃を越す温度が記録されている。2011年、2012年には高感度カメラで火口

❶ 支笏湖畔（STOP 2）から見た樽前山（左）と風不死岳（右）

が明るく見える現象も捉えられている。

　樽前山は、7合目の登山口から頂上まで約50分で登ることができ、比較的容易に、雄大な風景と火山の営みを感じることができる山である。また、時期によっては、シラタマノキ、イワブクロ（タルマイソウ）、ミネヤナギ、エゾリンドウなどの高山植物も見られる。ここでは、樽前山の山頂火口原を楽しむルートを紹介する。

　樽前山へのアクセスは、レンタカーが便利である。公共交通機関としては、JR「千歳」駅から支笏湖畔まで北海道中央バスが路線バスを運行しているが、そこから7合目の登山口付近までの公共交通機関はない。支笏湖畔からタクシーを利用すると20分ぐらいである。車は、札幌方面からは国道453号線を通り、千歳方面からは道道17号線、国道453号線を通り、国道276号線を大滝方面に向かう。苫小牧からは国道276号線を大滝方面に向かい、大滝方向への分岐点から3分ほどで「樽前山」（道道141号線）方面への青い案内看板があり、そこを左折して約10分で7合目駐車場に到着する。春から秋の休日は、7合目駐車場は早い時間に満車になることが多いので注意が必要である。

　なお、樽前山は1999年5月から噴気活動が活発化したため、2000年6月より山頂の火口周辺域は立ち入り規制が実施されている。規制情報については、苫小牧市のホームページの防災情報を参考にするとよい。（http://www.city.tomakomai.hokkaido.jp/kurashi/bosai/jishin/bosaijoho/kazan/joho.html）また、火山活動の情報については気象庁の火山活動解説資料のページを参考にするとよい。

STOP 1：7合目登山口〜火口原

　登山口から歩き始めて10分程度で7合目の展望台に出る（**STOP 1-1**）。ここからは支笏湖とその後カルデラ火山である恵庭岳と風不死岳が一望できる。支笏湖を縁取る急な崖は、支笏湖が4万年前に巨大噴火した際に陥没してできた凹地（カルデラ）の壁である。支笏湖はこの噴火でできたカルデラに水がたまってできたカルデラ湖である。足下には江戸時代の噴火で噴出した白

い軽石が観察できる。

　7合目展望台から40〜50分ほど登ると大きな火口の縁にたどり着く（**STOP 1-2**）。この火口は江戸時代の噴火の火口で、この中を火口原と呼び、その中心に1909年の溶岩ドームが観察できる（写真❷）。火口原の内側の溶岩ドームの北側から東側にかけての高まりは、文化年間（1804〜1817年）の噴火によって形成された中央火口丘である。中央火口丘の南西側は1909年の溶岩ドームによって埋積されている。この火口丘は火口縁を構成していた白色の軽石とは異なり暗灰色のスコリアや火山弾によってできている。右手に見えるピークは東山（1023 m）で、溶岩ドームの奥左側に見えるのが西山（995 m）である。

　まず、東山に登ってみる（**STOP 1-3**）。東山からは北の方向に風不死岳や支笏湖が眺められる。また溶岩ドームを見ると北東方向に開いたD火口が観察できる。東山は、1739年噴火の降下軽石堆積物の分布主軸の方向で、火砕物が厚くたまったことによって高まりをつくっていると考えられている。上りつめた地点のすぐ南側も少し高まりになっている。これは1667年噴出物の分布主軸の高まりである。

　最初の地点に戻り東回りに火口原を歩いてみる。しばらく歩くと火口原の南

❷ STOP 1-2から見た1909年に成長した溶岩ドーム

❸ STOP 1-5で観察できる1874年噴出物

東あたりで尾根が二重になっている（**STOP 1-4**）。二重山稜地形と呼ばれ、これは火口が形成されたあとに地滑りを起こしたためにできた地形だと考えられている。このあたりから溶岩ドームを眺めると、活発な噴気を上げているA火口が観察できる。A火口は、現在最も活動的な火口で、1978～1981年の最新の小噴火はここで起こった。溶岩ドームには、1909年以後の小規模な噴火活動で複数の火口や亀裂を生じており、亀裂および火口はおもに北東－南西方向に並んでいる。

さらに進んで南側に来ると、山体の斜面のほう（南側）に大きく削れた沢にさしかかる（**STOP 1-5**）。まず、溶岩ドームのほうを見るとドームの中腹に岩石が黄色く着色されたところから噴気が上がっているB噴気孔群が観察できる。火口原の中にはさまざまな大きさの噴石が散在しているのがわかる。反対側の沢のほうを観察してみよう。ここは覚生川（おぼっぷがわ）の源頭部にあたる。この沢の内側に1874年噴火の堆積物が見える。1874年の中規模の爆発的噴火では、降下火砕物、火砕流、火砕サージを噴出した。ここでは下から1739年の堆積物、水蒸気噴火堆積物、1874年降下火砕物、火砕流堆積物が見られる（写真❸）。

さらに進むと溶岩ドームの西側の西山（995m）にたどり着く（**STOP 1-6**）。西山自体は170万年前以前の古い火山体から構成されているが、それを覆うように1667年と1739年の降下火砕堆積物が堆積している。一部には大きな粒子と細粒な粒子が混在し、円磨された軽石を含む火砕流堆積物がはさまれている。また、ここには国土地理院のGNSS火山変動リモート観

01 樽前山 北海道

❹ STOP 1-4 付近から見る西山とそれを覆う樽前山の噴出物

測装置（REGMOS）が設置されている。

　火口原の西側を通過して下山する。途中登山道の脇に大きな沢が現れる（**STOP 1-7**）。樽前山の火砕流堆積物のほとんどは未固結の堆積物であるが、ここでは 1739 年火砕流堆積物の溶結部が観察できる。溶結とは火砕物の粒子が荷重と熱で結合する現象のことで、溶結の程度が強くなると溶岩のように見えることがある。溶結した火砕流堆積物の下位には 1739 年の降下軽石堆積物が、さらに下位には土壌層をはさんで 1667 年の降下軽石堆積物が観察できる（写真❺）。

　さらに下ると、気象庁の観測点が見られる（**STOP 1-8**）。ここでは、地震計、空振計、傾斜計、GNSSの４つの観測が実施されている。

　ここまで来るともう少しで７合目の駐車場である。

❺ STOP 1-7 で観察できる溶結した 1739 年の火砕流堆積物（矢印）

11

❻ 左から樽前山、風不死岳、右端が恵庭岳

STOP 2：支笏湖畔

　国道276号線の分岐から国道453号線を5kmほど札幌側に進み、支笏湖畔に出ると、右手に駐車スペースがある（**STOP 2**）。そこから支笏湖を眺めてみよう（写真❻）。左手には樽前山その隣に風不死岳、右手には恵庭岳が見える。この3つの火山は、いずれも支笏湖の後カルデラ火山であるが、異なった山容を示す。恵庭岳は、溶岩流を噴出する噴火をくり返してきたため、頂上部が急峻で山麓部は複数の舌状の地形が見られる。風不死岳は、山頂部が急峻で山麓部がなだらかな地形を示し、開析が進んでいる。これは山頂部がいくつもの溶岩ドームからなり、山麓は溶岩ドーム崩壊型の火砕流堆積物が厚く堆積しているためである。一方、樽前山は降下火砕物が中心の活動であったため、なだらかな裾野を引く。

　恵庭岳と風不死岳の間を見てみると、約4万年前の支笏カルデラを形成した噴火の火砕流堆積物の平坦な堆積面の中に、古い地形が埋没しているのが観察できる。

STOP 3：ビジターセンター

　国道453号線を苫小牧方向に戻ると、支笏湖温泉があり、その中に「支笏洞爺国立公園ビジターセンター」がある。

　支笏湖やその周辺で暮らす生き物の生態や植生について詳しく展示されており、支笏湖の成り立ちや火山活動についても解説されている。また、樽前山の山麓で見られる1つの木に根が二重に生えている「二重根」も展示されている。「二重根」は樽前山の1739年噴火による降下軽石で1mほど埋まった樹木が生き残り、その後、噴出物の表面近くに再び根を生やした珍しいものである。これは、噴煙から降下してくる軽石は、降下中に冷やされるため、樹木

を燃焼させたり枯死させたりするほど高温でなかったことを意味している。時間に余裕があれば、近隣にある「休暇村園地」や「野鳥の森」で、自然散策を楽しむのもよいだろう。

STOP 4：苔の洞門

国道453号線との分岐から国道276号線を支笏湖畔沿いに12km進むと、苔の洞門と呼ばれる回廊状の渓谷がある。ここは、樽前山の1739年の火砕流堆積物が、浸食を受けて細い渓谷を形成し、その岩肌には80種以上の蘚苔類が密生する珍しい涸沢となっている。過去には洞門を通る登山ルートもあったが、2001年6月に崩落が起こったため封鎖されている。そのため、入口付近に観覧台を設置して開放していたが、2016年現在、2014年9月の大雨の影響により、観覧台の開放も見合わせられている。例年であれば、開放期間は6月1日から10月下旬までで、駐車場から歩いて15分ほどで観覧台まで行ける。

❼ ビジターセンターで展示されている二重根

〈参考文献〉
古川竜太（1998）樽前火山―江戸時代の破局的噴火と生々しい溶岩ドーム，北海道の火山，フィールドガイド日本の火山③，築地書館，77-91.
古川竜太・中川光弘（2010）樽前山火山地質図 1:30,000，火山地質図 15，独立行政法人産業技術総合研究所地質調査総合センター．
気象庁（2013）活火山総覧第4版「樽前山」

02 HOKKAIDOKOMAGATAKE 北海道

北海道駒ヶ岳 ★★★

- 成層火山
- 山頂火口原、大沼公園、出来澗崎海岸
- JR 函館本線「大沼公園」駅よりレンタカー
- 鹿部間欠泉

成長と破壊の歴史を尋ねて

　北海道駒ヶ岳（以下、駒ヶ岳）は見る方向によってさまざまな山容を見せる。特に、南側の大沼から見る山容が馬のように見えることが名前の由来とされている。駒ヶ岳の南側の大沼公園は、その美しい風景と豊かな自然を求めて多くの観光客が訪れる道内でも有数の観光地である。これらの風景は、駒ヶ岳がその活動の中で成長と破壊をくり返してきたことを物語っている。

　駒ヶ岳の活動の歴史は、約10万年前にさかのぼる。爆発的な軽石噴火や溶岩の噴出をくり返し、約4万年前までに富士山のような円錐形の成層火山を形成した。山頂の剣ヶ峰や砂原岳はこの時期の噴出物である。2万年前以降の活動は、数千年間の休止期をはさんで3つの時期に噴火が集中している。現在の活動期は、1640年の山体の崩壊を皮切りに、1640年、1694年、1856年、1929年に火砕流を伴う爆発的噴火をくり返した。最新のマグマ噴火は1942年の中噴火で、それ以降、活動は静穏な状態であったが、1996年から2000年にかけて合計8回のマグマ物質を含まない水蒸気噴火を起こしている。

❶ 北西側から見た駒ヶ岳。右側のピークは剣ヶ峰、左側のピークは砂原岳

上❷ 西側より見た駒ヶ岳。中央のピークは剣ヶ峰、左側のピークは砂原岳
下❸ 東側より見た駒ヶ岳。ピークは左側から隅田盛、剣ヶ峰、砂原岳

　近年の活動の影響を受けて、2009年までは入山規制がかかっていた。2010年より一部規制が緩和され、2016年現在、6月から10月30日までの間、赤井川登山道入口から、標高900mの「馬ノ背」までが登山可能となっている。登山をする際には必ず、駒ヶ岳の活動状況を確認しよう。情報は、気象庁や森町役場のホームページで確認するとよい。

■ 02 北海道駒ヶ岳 北海道

　駒ヶ岳は函館から約 30 km に位置し、交通拠点として JR 函館本線「大沼公園」駅がある。主要道路として国道 5 号線が通るほか、道央自動車道大沼公園インターチェンジを利用するのが便利である。函館方面からの JR 大沼公園駅へのアクセスは、函館空港からバス（大沼交通シャトルバス）で 80 分、「函館」駅からは JR（特急で 20 分、普通列車で 50 分）もしくは函館バス（60 分）が便利である。

　一方、札幌方面からは、JR「札幌」駅から大沼公園駅まで特急「北斗」「スーパー北斗」で約 3 時間（約 2 時間 50 分～ 3 時間 20 分）、車は道央自動車道を使用した場合、約 300 km、約 3 時間 40 分である。ちなみに国道のみを使用した場合 230 km で約 5 時間。

　観察スポットの多くは、JR の駅から距離があるため、自家用車もしくはレンタカーをおすすめする。レンタカーは、函館空港、JR 函館駅、JR 大沼公園駅で借りるとよい。本書では、レンタカーを使ったコースを紹介する。

STOP 1：6 合目駐車場～馬の背

　大沼公園から、国道 5 号線を札幌方面に進み、赤井川登山道口を目指す。森町赤井川で、駒ヶ岳方向に右折し、道道 43 号線を進み、そこから登山口を目指す。登山口に行く途中の地形の変化や植生の変化を見ていくと面白い。国道から右折してすぐは、小さな丘がいくつも道路脇にあり、特にゴルフ場の中はわかりやすい。これらは 1640 年噴火の山体の崩壊による岩屑なだれ（高速の火山性地すべり）堆積物の特有の表面地形「流れ山」である。さらに進んで駒ヶ岳に近づくと、小丘群はなくなり、なだらかな地形となる。この辺りは、1640 年の火砕流堆積物が分布する地域で、比較的幹の太い樹木が分布する。ゲートを越えてさらに進むと、標高約 340 m あたりからは、幹の細い木が多くなる。このあたり一帯は、1929 年の火砕流が到達したところである。徐々に木の密度が少なくなり、地上面に大きな軽石がゴロゴロとしているのが目につくようになる。うねのように大きな軽石が並んでいるのも観察できる。これは、火砕流堆積物の表面形態の 1 つでローブ地形である。

　6 合目の駐車場（**STOP 1-1**：標高約 500 m）から火口原（標高 900 m

❹ 6合目に設置されている北海道大学の火山観測施設

の「馬ノ背」)を目指して歩き始めよう。馬ノ背までは約900mである。登山道を登り始めてすぐ右手には鉄塔が建っている。これは駒ヶ岳の火山活動を監視するための北海道大学の観測施設である。約500mの地下に地震計や傾斜計が埋設されており、高精度な観測が行われている(写真❹)。

　この周辺は1929年噴火の火砕流や火砕サージ堆積物が堆積している(写真❺)。これらは地形によって分布が異なり、谷の部分には火砕流が、尾根の部分には火砕サージが堆積している。堆積物は軽石と軽石が砕かれてできた火

❺ 登山道沿いに露出する1929年噴火の火砕サージ堆積物

■ 02　北海道駒ヶ岳　北海道

❻ 大沼（左）と小沼（右）の間には無数の島や小丘が見られる

山灰が混ざったものである。

　では、登り進めよう。8合目ぐらいから後ろを振り返ると大沼が一望できる。大沼の中に多くの小島があるが、これは後述する1640年噴火の岩屑なだれ堆積物による流れ山である（写真❻）。

　また、8合目付近ぐらいから登山道沿いに徐々に暗灰色の大きな岩塊が点在する。火口原に近づくにつれてその直径は大きくなり、大きいもので1mを超す。これは1942年の噴火の際に噴出してきた噴石である。1942年噴火は中規模なマグマ水蒸気噴火で、火砕サージが鹿部町方向に流れ下った写真記録が残されている。

　さて、馬の背（**STOP 1-2**）に到着したら、左手には剣ヶ峰、正面に砂原岳、左手に少し低い隅田盛が見える。この3つのピークに囲まれた部分が1640年噴火によって崩壊した部分である。山体は鹿部方向に崩れ、海に流入した。そして津波を引き起こし、噴火湾で700人あまりの犠牲が出たことが記録に残されている。崩壊前、駒ヶ岳は標高1500m近くの富士山のような形をしていたのではないかと考えられている。

19

この 3 つのピークに囲まれた部分を火口原と呼んでいる。火口原の中心には、1929 年の大噴火の際の円形の火口が存在する。また、その 1929 年火口をまたぐように 1942 年の噴火の際に形成された大きな割れ目が走っている。さらに 1929 年火口の南側に、1996 年に形成された割れ目火口がある。2016 年現在、噴気活動は弱いが、日によっては噴気が見られることもある。

　火口原周辺にゴロゴロと存在する大きな岩塊も、1942 年に噴出した噴石である。これらの噴石に近づいて見てみると、岩塊にはレンズ状の模様が入っているのが観察できる。これは、1929 年の噴火で火口周辺に厚く堆積した軽石や火山灰が、噴出物自身の重さと高い温度によって一部溶融し圧縮されて固結した岩石となり（溶結現象）、1942 年の噴火の際に砕かれて噴出してきたものである。

　1996 ～ 2000 年の噴火は前ぶれも無く噴火した。火口近くに長時間滞在するのはよくないので、ひと休みしたら、下山しよう。下山の途中、山麓に大きな砂防ダムがあるのが見える。

STOP 2：大沼公園

　登山から下ってくると国道 5 号線に戻って大沼公園駅に向かい、駅付近の駐車場に止めて大沼散策に出かけよう。駅周辺にはレンタサイクルもあるので、自転車を借りて散策するのもよい。大沼一周は自転車で約 70 分程度である。

　駒ヶ岳の南西麓には、大沼、小沼、蓴菜沼の湖沼があり、その中に 100 を超える小さな島が浮かんでいる。これらの湖沼は、1640 年の山体の崩壊によって流れくだった堆積物によって、旧折戸川がせき止められたために生じたものである。また、大沼などに浮かぶ小島は、岩屑なだれ堆積物の流れ山の一部が湖面に頭を出しているものである。大沼周辺にも、比高が 10 m 程度の小丘が点在しているが、それも山体崩壊の流れ山である。大沼公園駅周辺（**STOP 2-1**）は、小さな島が多く、これらの島々の一部には、橋が架けられており、散策道が整備されている。駒ヶ岳の背景に、大沼とそこに浮かぶ島々の写真を撮るのもよいかもしれない（写真❼）。特に紅葉の季節は、人気の時

期である。

大沼の駒ヶ岳側の湖畔の中間あたりには、ひっそりと駒ヶ岳神社がたたずむ（**STOP 2-2**）。たびたび噴火する駒ヶ岳を鎮めるために建てられた神社である。その境内には巨大な

❼ 大沼より望む駒ヶ岳。左側のピークは剣ヶ峰

岩があり、その割れ目の間を通り抜けることができる。この巨岩も1640年の崩壊で流されてきた、古い山体の一部である。

STOP 3：出来澗崎

JR「大沼」駅から道道大沼公園鹿部線に出て、鹿部方面に向かおう。国道278号線（鹿部道路）にぶつかったら北へ左折し5 kmほど進み、「ひょうたん沼公園」の看板が見えたところを右折する。さらに700 m進んだところを右折、「ひょうたん沼公園」と漁業研修所を通りすぎてT字路を左折、150 mほど進んだところに、左手に大きな空き地がありその先右側に海岸への入口がある。この付近に車を止めて海岸に出よう。海岸線を北に50 mほど歩くと露頭がある。

この周辺は1640年噴火の流れ山（小さな丘）が多く存在する地域で、ここでは流れ山の内部構造と最近350年間の噴火堆積物が観察でき、駒ヶ岳の最近の噴火の歴史を見ることができる。露頭下部は、暗灰色から灰色の溶岩や溶結火砕岩に富む部分と、黄色の細粒物火山灰から構成される不均質な構造を持つ。このような不均質な構造は、山体が崩壊した堆積物に特有な構造で、も

❽ 出来澗崎の露出する1640年噴火の流れ山。流れ山は1694年と1856年、1929年の降下軽石堆積物に覆われている

ともと山頂ないし山腹にあった堆積物が山体崩壊で流されてきたものである（写真❽）。その上に、1694年、1856年、1929年の爆発的噴火による降下軽石堆積物とその間に挟まれる黒色の土壌層が観察できる。降下軽石堆積物は、粒のそろった軽石が積み重なっており、隙間があいているのが観察できる。また、軽石は握ってみると痛いぐらいに凹凸があり、丸みを帯びていないのがわかる。これは運ばれてくる途中に他の軽石とぶつかり合うことがなかったことを意味し、空から降ってきた証拠の1つである。

　ここからは天気がよければ、噴火湾を隔てて、対岸に、有珠山、昭和新山、羊蹄山、ニセコ、クッタラ火山が見える。

STOP 4

　いったん、国道278号線まで戻り、北東に450 mほど進み、海岸方向へ右折する（「鹿部」駅への左折道を過ぎて、1つ目の交差点）。400 mほど進み、左折し、旧漁業センター跡地の手前に駐車する。そこから徒歩で300 mほど

■ 02 北海道駒ヶ岳　北海道

❾ 鹿部町の海岸線に露出する駒ヶ岳の歴史時代噴出物

海岸線に進む。
　ここでも、歴代の噴出物が観察できる。ここでは地層のつながりが実感できる。この露頭の下部は、1640年噴火の後に発生した泥流堆積物が堆積している。その上位には白色軽石層、赤色の軽石層、黒色の土壌層が識別できる。露頭中央部を構成する厚さ100 cmほどの淘汰（粒のそろい方）のよい白色軽石層は、1694年の降下軽石で、下部にやや灰色の軽石が多く、上位に移るにつれて白色の割合が増す。この灰色と白色の軽石の化学組成は少し異なっており、噴火中にマグマが変化してきたことがうかがえる。その上には、黒色の土壌層をはさんで、淘汰のよい白色軽石層、淘汰の悪い赤色の軽石層、淘汰のよい白色の軽石層が重なっている。赤色の軽石層は火砕流堆積物で、丸みを帯びた軽石と火山灰から構成される。一方、白色軽石は、淘汰がよく粒がそろっており、粒の間に隙間がある。これらは降ってきた降下軽石堆積物である。これらの地層を水平方向に追いかけていくと、赤色軽石層は途中で消滅し、白色軽石層は遠くまで続くのがわかる。これも各々の軽石の運搬様式の特徴をよく表している。

23

03 HAKKODASAN 青森県

八甲田山 ★★★

- 中小のさまざまな火口と火口壁からのぞく火山の内部構造
- 大岳、井戸岳山頂部の中小火口群と火口壁面にみる火山の内部構造、地熱活動により現在も火山の息吹を感じさせる山麓の地獄沼
- 八甲田ロープウェー山頂公園駅 → 赤倉岳 → 井戸岳 → 大岳 → 地獄沼
- 酸ヶ湯温泉（すかゆ）

03 八甲田山 青森県

さまざまな火口地形と360度の眺望

　八甲田山とは、青森県のほぼ中央に位置する、北八甲田火山群と南八甲田火山群の総称である。南八甲田火山群は110万年前から30万年前頃までに活動したやや古い火山であるのに対して、北八甲田火山群は約40万年前に活動を開始し、現在まで活動が継続している活火山である。「八甲田山」として、活火山である北八甲田火山群のみを指すことも多い。北八甲田火山群は、赤倉岳、井戸岳、大岳、高田大岳など11の小火山で構成される。各火山は、主として、溶岩流と、爆発的な噴火で飛ばされたマグマの塊が地表に落下した火山弾や、マグマが粉々に砕かれて吹き上げられた後、地表に降り積もった火山灰など（降下火砕物）が、くり返し堆積してできた成層火山である。井戸岳などいくつかの火山では、粘り気の強いマグマが流れ下ることなく火口周辺に集積して固まった溶岩ドームが山頂に載っている。

　2011年3月の東北地方太平洋沖地震（M9.0）以降、北八甲田火山群では微小な地震の活動が活発になった。特に、2013年に入ってからは、大岳付近の地下数kmで地震活動が活発になるとともに、この地域に深部からマグマが上昇してきた可能性を示す地盤の変動も観測された。2015年以降活動は落ち着いているが、八甲田山の登山においては、これが活火山であり将来的に噴火の可能性を秘めていることを認識し、気象庁のホームページなどで最新の火山活動に関する情報を入手して入山する必要がある。

　また、過去には、山麓部において、窪地の底にたまった火山ガスによって命を落とす事故が発生している。山麓の散策であっても、空気の流れが悪い窪地には入りこまないよう、注意が必要である。

　以下では、過去1500年から5000年の間に5回の噴火が確認されている大岳をはじめとして、中小の新しい火口地形が残されている井戸岳、赤倉岳と、最近1000年間に3回噴火が発生し現在も地熱活動が活発な地獄沼をめぐることにする。八甲田ロープウェーを利用して標高1300mから歩き始めることで、赤倉岳、井戸岳、大岳を縦走して、南西山麓の地獄沼へ至るコースを、4時間半から5時間で踏破することができる。

25

❶ 田茂萢岳から見る赤倉岳、井戸岳、大岳(左から)

　最初の出発点となる八甲田ロープウェー「山麓」駅へは、青森市内から定期バスが運行されている。朝一番のバスで青森を出発しても、夕方の帰りのバスに間に合う時間に下山することが可能である。なお、余裕を持って火口めぐりを楽しむのであれば、前日は八甲田スキー場の近くに宿泊するのがよい。

　八甲田ロープウェーに乗り「山頂公園」駅に降り立つと、天候がよければ、南東方向に赤倉岳、井戸岳、大岳の3つの円錐形をした火山が間近に見える(写真❶)。振り返ると、ほぼ真西には遠く津軽平野に立つ岩木山を望むことができる。ロープウェー「山頂公園」駅のある田茂萢岳は、標高1326mと1324mの2つのピークを持つが、これらは溶岩ドームである。

　田茂萢岳から赤倉岳への斜面をひたすら登ると、1時間弱で崖の縁に出る。崖の向こう側は、スプーンでえぐったような、下流側へ開いた馬蹄形(U字型)の谷となっている。この谷は、赤倉岳の北斜面で発生した大規模な山崩れ(山体崩壊)によって生じたものである。地形図を見ると、登山道から見ることができる崩壊地形の他に、より下流側にさらに規模の大きな崩壊地形が存在している

❷ 赤倉岳の崩壊地形

■ 03　八甲田山　青森県

ことがわかる。これらの山体崩壊によって崩れ落ちた土石は、北東山麓の田代平に堆積している。田代平では、山の斜面の一部がまとまったまま移動して堆積した小丘である「流れ山」を見ることができる。

歩みを進めると、登山道は馬蹄形の崩壊地形の縁に沿って登っていく。この登山道（写真❷）から崩壊地形の急な崖の壁を見ると、成層火

❸ 井戸岳の山頂火口

山の内部が、文字どおり、比較的均質な岩でできた溶岩流の層と大小の岩の塊を多く含む層（降下火砕堆積物の層）が重なり合ってできていることがわかる。

登山道は、やがて崖を外れ、赤倉岳の山頂を経由したのち約30分で井戸岳の山頂に到着する。井戸岳の山頂（写真❸）には、直径約250ｍ、深さ約50ｍの円形をした火口（山頂火口）が存在する。この火口は、井戸岳形成期の最後に山頂に出現した溶岩ドームが爆発的な噴火によって破壊されてつくられた。火口内側の壁には火山体の内部が露出しており、山頂部を形成する溶岩ドームの断面を観察することができる。山頂火口では、10分間ほどの時間をかけて、火口の縁を北から南に半周する。

火口縁の南端から先は、大岳との鞍部にある大岳避難小屋を目指して15分間ほどで一気に下る。道の右手（西側）には、爆発的な噴火でできたやや大きな火口地形が広がり、その内部にはいくつかの小さな火口が点在する（写真❹）。大岳避難小屋に一番近い小火口では内部に水がたまり、火口湖となっている。

大岳避難小屋にはトイレが設備さ

❹ 井戸岳南斜面の中小火口群

27

❺ 大岳から望む井戸岳山頂部の大小さまざまな火口地形

れており、これまで歩いてきた井戸岳やこれから行く大岳を眺めながら、食事や大休止を取るのに最適である。

　避難小屋を出てから大岳山頂まで約30分間の上りとなる。登り疲れたら途中で小休止を取り、これまでにたどって来た道を振り返ると、井戸岳には、山頂の火口の他に、南側や西側の斜面に中小のさまざまな火口地形が存在しているのが一目でわかる（写真❺）。

❻ 大岳山頂部の小火口湖鏡沼

　大岳山頂に立つと南側の眺望が開け、南八甲田火山群の山々が見える。天候がよいと、はるか向こうに岩手山の特徴

28

的な姿を認めることができる。大岳の山頂には一等三角点（1585m）があり、その東側に、直径約180m、深さ約30mの円形の火口が存在する。大岳の山頂火口は、井戸岳の山頂火口に比べ、火口壁の傾斜が緩い。これは、井戸岳山頂では溶岩ドームの溶岩層を破壊して火口が形成されたのに対して、大岳山頂部は噴き上げら

❼ 地獄湯ノ沢源頭部の噴気地

れたマグマの塊やしぶきが固まって、あるいは内部が融けた状態で落下したもの（降下火砕物）が堆積してできているという、地質構造の違いを反映している。大岳山頂から南側へ少し登山道を下がったところには、直径約30mの、水をたたえた小火口湖鏡沼がある（写真❻）。その可憐な姿は山歩きの疲れをいやしてくれる。北八甲田火山群では約5000年前から1500年前の間に5回の爆発的な噴火が発生したことが知られているが、このうち4回は、鏡沼を含む大岳山頂部の火口で発生したものと考えられている。

　大岳山頂から南西山麓の登山口の酸ヶ湯までは約2時間の下りとなる。途中、仙人岱から少し下がったところ（地獄湯ノ沢源頭部）に火山ガスがしみ出ている噴気地がある（写真❼）。硫化水素などの有毒なガスが出ているので、現場に立ち止まることなく、急いで通りすぎるのがよい。

　酸ヶ湯登山口まで下山した

❽ 地獄沼

❾ 地獄沼付近から見た晩秋の大岳

後、国道 103 号線に沿い十和田湖方面へ向かって歩くと、約 300 m で左手に地獄沼（写真❽）が見えてくる。周囲の地質調査から、地獄沼では最近 1000 年以内に 3 回、小規模なマグマが直接かかわらない爆発的な噴火（水蒸気噴火）が発生したことが知られている。地獄沼やその周辺の地域では、今日でも温泉が湧き出たり蒸気が噴き出しており、八甲田山が活火山であることを思い出させてくれる。地獄沼付近の道路端から山を振り返ると、これまで歩いてきた大岳の山容を望むことができる（写真❾）。

　火口めぐりはここが終点である。もと来た道を 400 m ほど引き返すと酸ヶ湯温泉（写真❿）のバス停があり、青森方面へ帰路につくことも、十和田湖方面への旅を続けることもできる。その前に、酸ヶ湯温泉名物の巨大な温泉浴場「千人風呂」で疲れをいやすのも一興である。

❿ 酸ヶ湯温泉。背景は夏の大岳

左上から八甲田山（井戸岳）、岩手山、
秋田駒ヶ岳（田沢湖）、吾妻山（一切経山）、
磐梯山

04 IWATESAN　岩手県

岩手山 ★★★

- 火口、中央火口丘、スコリア、アア溶岩、水蒸気噴火口、噴気孔
- 薬師・御室火口、1686年スコリア、1732年焼走り溶岩、1919年水蒸気噴火口
- (A) 馬返し登山道
  (B) 焼走り登山道
  (C) 網張登山道
- 黒倉山山頂、千俵岩

岩手山、歴史時代の多様な噴火

　日本百名山の1つ岩手山（2038m）は、「南部片富士」の異名を持つ大型の成層火山で、安山岩質から玄武岩質の岩石が多いため噴出物は灰色から黒色である。岩手山は最高峰薬師岳のある東岩

手山と、山頂に大きな凹地のある西岩手山からなる。これらの登山は高度差が大きいためややきつい。岩手山は十和田八幡平国立公園に指定され、山頂部から北東山腹にコマクサが多い。岩手山は1686年、1732年、1919年に噴火し、1934〜35年、1960年以降に噴気が生じた。さらに1998年のマグマ上昇で1999年から2003年頃まで西岩手山で噴気が活発化した。岩手山ではこれらの噴火跡と噴気跡を歩いて楽しむことができる。なおコースA〜Cのあとの番号はコース図の地点番号に対応する。

コースA（★★★）は、東岩手山頂の薬師火口（A1）、妙高岳（A2）、1686年噴火の御室火口（A3）と噴出物、昭和期の噴気跡（A2）をめぐるコースで

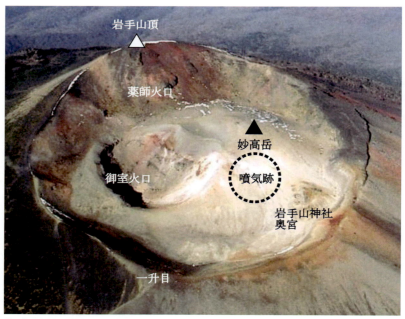

❶ 岩手山頂の薬師火口。妙高岳は薬師火口を埋め、その西山腹に御室火口がある（撮影：土井宣夫）

■ 04　岩手山　岩手県

ある。馬返し登山口（630 m）は、車の場合東北自動車道滝沢 IC が近い。馬返し登山道は山頂まで 4 時間半ほどかかるので、早めに登山を始めたい。登山口には鬼又清水がある。登山道は三合目から七合目まで旧道と新道があり、旧道の裸地からは見晴らしが得られる。新道は樹林帯の中を登るので夏は涼しい。

八合目避難小屋（岩手山気象観測所跡）は御成清水があり絶好な休憩地点だ。ただ清水は夏季の渇水期に湧出が止まることもある。避難小屋の南側は断崖がとり巻いている。この断崖は約 6、7000 年前に火山が崩壊（山体崩壊）した跡で、薬師岳はこのときできた凹地（馬蹄形カルデラ）を埋めて成長した富士山形の新しい火山である。

九合目御不動平の避難小屋から薬師岳の砂がちの道を登って一升目に出ると眼前に薬師火口が広がる（写真❶）。右手の小山が妙高岳（1995 m）、左手の火口が御室火口、奥が岩手（薬師岳）山頂である。薬師火口はほぼ円形（直径約 550 m）で南東に緩く傾斜する。左右の道とも火口を一周して一升目に戻ることができるが、時計回りに歩くと楽である。左手の道を歩くと御室火口が間近に見える。御室火口（長径約 190 m）は 1686 年の噴火口だ。火口壁には妙高岳から噴出した溶岩と火山灰が露出する。御室火口の周囲にはこの火口から噴出した黒い火山灰と岩石片が 3 m 以上の厚さで堆積している。ここは火口に近接しているにもかかわらず大きな岩塊が少ない。火山灰は登山道にも堆積しているので手にとって観察しよう。

さらに登ると山頂である。さえぎるもののない山頂からは岩手山の広い裾野や北東山麓を流れた焼走り溶岩を確認できる。また南側の薬師火口も一望できる。眼下の御室火口は火口底が埋まり、静かなたたずまいである。しかしこの御室火口は 1960 年代には火口西壁から噴気していた（写真❷(a)(b)）。現在の様子からは想像が難しい。

山頂から時計回りに下ると、黒く粗粒の火山灰が登山道に沿って厚く堆積している。これも 1686 年噴火の火山灰である。噴出した火山灰は火口のおもに北東方向に降灰した。やがて妙高岳が目の前に見える。手前の岩の多い盛り上がりは、妙高岳から噴出した溶岩で、弱い噴気がある。ここが岩手山

❷ 岩手山頂から見た御室火口と妙高岳の噴気の変化。1962年、御室火口（a）と妙高岳南東山腹（c）に噴気があった。1977年、御室火口（b）と妙高岳（d）の噴気はほとんど見えない。(d)の枠は(c)の範囲を示し、(c)には人の文字（(a)(c)は盛岡測候所、(b)(d)は土井宣夫がそれぞれ撮影）

神社奥宮である。後方の妙高岳斜面に白く変質したところが見える。ここは1960年代に強く噴気した地点である（写真❷(c)(d)）。このときの地中温度は360℃を超え、高く上がった噴気は盛岡市内からもよく見えた。薬師火口内はこれまでも変化してきた。

　高度が高く過酷な自然環境の妙高岳では、近年、外来種であるセイヨウタンポポ・イワギキョウが確認された。岩手山の自然に関心を持つ人たちは、これに危機感を持ち、毎年手掘りで根ごとの駆除に努めている。岩手山は植物の世界も変化している。岩手山頂部の観察が終わったら早めに下山しよう。

コースB（★★★）は、1732年噴火の焼走り溶岩とその第1火口（B1）、

■ 04 岩手山 岩手県

第2火口（B2）をめぐるコースである。焼走り登山口へはJR花輪線「大更」駅からタクシーで15分、車の場合西根ICが近い。このコースは溶岩の噴出口から末端まで長さ約3.4km（最大幅約1.1km）の溶岩上を歩く（B3）ので、底の厚い登山靴と転倒防止用ストックが必須である。溶岩は特別天然記念物に指定されており許可なく採取できない。

　焼走り登山口（568m）から溶岩西側の登山道を登っていく。登山道は高度1050m付近で焼走り溶岩を横断する（図1）。さらに第3火口に沿って登りきると登山道わきの第2火口に到着する。第2火口は黒い火山灰がつくる丘（スコリア丘）で、その上には小さな火口が直線に並ぶ（写真❸）。火口の下方には焼走り溶岩が黒々と広がる様子を観察できる。登山道をさらに登ると、第1火口のスコリア丘の断面を観察できる。スコリア丘は成層したこぶし大ほどの黒い火山灰層が重なってできていることがわかる。ここから少し登

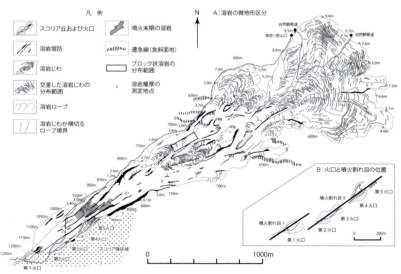

図1　焼走り溶岩の火口と表面地形（土井・柳沢、2012）。溶岩を噴出した第1〜第5火口は黒い火山灰の丘（スコリア丘）をつくり、溶岩の噴出口が低い方向に開く。溶岩には溶岩堤防やしわなどがあり、流下の様子を物語る。火山灰は火口の東に降灰した

37

❸ 焼走り溶岩第2火口の小噴出口。第2火口の火山灰の丘（スコリア丘）の上には小さな火口が並ぶ。写真は溶岩のしぶきでできた小火口丘。スケールは1m（撮影：土井宣夫）

ると第1火口（1200m）の上に出る。ここでも丘の上に小さな火口が直線に並び、さらに高いところまで火口が分布していることがわかる。火口壁を観察すると何がわかるだろうか。火口壁の高さを比較すると、西側に比べて東側が少し高い。また、火口壁に堆積した火山灰は東側でより赤く酸化している。この酸化現象は、堆積した火山灰の温度が高い場合に、空気中の酸素と反応して鉄酸化物ができる現象である。つまり温度が高いほどこの現象は顕著だ。これらのことから、噴火は西風が強い冬季に起こり、火山灰は東側に多く降り積もって温度が高い状態を保っていたことがわかる。細粒の火山灰も火口東側に降灰している（図1）。古文書（『盛岡藩雑書』）によると噴火は1732年1月に起きた。

　次に東側の火口縁に沿って丘を下り、樹木につかまりながら火口内に下りよう。火口底は傾斜がやや大きい。傾斜方向に林の中を下ると、この火口から噴出した溶岩が現れる。溶岩の右縁の溶岩堤防に上がり堤防に沿って下ると右手

に第2火口と第3火口が現れ、さらに下ると登ってきた登山道に出る。この地点は登山道が焼走り溶岩を横断した東端にあたる（図1）。ここからさらに堤防に沿って林の中を下ろう。すると右手に第4火口、第5火口の溶岩が次々に現れる。さらに下ると樹高が低くまばらになって、ついに溶岩裸地が現れる。つまり焼走り溶岩は、溶岩の厚さが3mほどより薄い火口側では樹木が茂り、厚い下流側では裸地のままになっているのである。この地点から溶岩の末端まで溶岩の上を歩こう。途中溶岩がつくるさまざまな地形を観察できる。丸い溶岩の玉（溶岩球）を見つけることができるかもしれない。ただし溶岩の表面の岩塊（クリンカー）は不安定なのでストックを使いながらゆっくり歩きたい。途中歩くことが困難になった場合は西に向かって溶岩を横切ると登山道に出ることができる。

　なお焼走り登山口には溶岩を観察するための自然観察道入口がある。この北側の入口には宮沢賢治作「鎔岩流」の石碑がある。国際交流村には焼走りの湯がある。

コースC（★★★）は、1999年活発化した噴気孔群（C1）、黒倉山頂（C2）、1919年噴火口（C3）、大地獄谷の硫黄塔（C4）、御苗代湖と御釜湖（C5）をめぐるコースである。網張登山口へは「盛岡」駅東口から岩手県交通バスが出る。車は盛岡ICまたは滝沢ICが近い。7月〜10月は登山口からリフトが運行（3本のリフトを乗り継ぎ）、約40分で犬倉山頂西に出ることができる。八幡平市八幡平温泉郷駐車場を登山口とする七滝登山道は、大地獄谷付近の登山道が流れて危険なため、現在は通行止めになっている。

　網張登山口から登山道を登ると、リフト終点からの道と合流する。そして犬倉山迂回路、水場を経て姥倉山分岐に出る。姥倉山（1517m）から黒倉山の稜線には、東西方向の断層が多数分布する。姥倉山分岐から西方に少し登ると、噴気孔が一列に並んでいる様子を観察できる（写真❹(a)）。噴気孔の列は周辺に平行して数列あり、いずれも東西方向を示す。噴気孔列は断層線に生じているのである。噴気孔は直径数十cm、深さ1mほどの垂直の孔で、稜線で確認された数は330個に及ぶ。噴気孔内の温度は姥倉山の高度の沸点

❹ 姥倉山の噴気孔と西岩手山大地獄谷の硫黄塔。(a) 火山活動が活発化した岩手山では、1999年以降姥倉山から黒倉山の稜線に分布する330個以上の噴気孔から水蒸気が上がった。噴気孔は断層に沿って直線状に並ぶ。(b) 大地獄谷では硫黄塔（高さ約3m）が成長し泥硫黄が流れ出た（撮影：土井宣夫）

（約96℃）を示すものがあり、容易に卵をゆでることができた。1999年以降、噴気孔から高い噴気が上がるようになり、地温も上昇して笹や樹木が枯死した。今も枯死木を稜線のあちこちで見ることができる。地温の高い噴気孔周辺には、ヤマトフデゴケなどのコケがマット状に生育し、特異な景観をつくっている。近年、ここに外来種のシバの侵入が確認された。

　噴気活動で植物根の支えを失った土壌は、降水や強風で消失するようになり、岩石裸地が広がった。こうした岩石裸地は黒倉山西斜面にも分布する。

　黒倉山（1570m）は西岩手山頂の大きな凹地（西岩手カルデラ）の西にある断崖のピークである。山頂部には亀裂が生じているので注意しよう。黒倉山頂の噴気は1999年以降強い状態が続いたが、現在は弱まっている。山頂から東西約2km、南北約1.3kmに及ぶ凹地の中をのぞくと、下方に白く噴

■04 岩手山 岩手県

気のある大地獄谷北火口、その右上にすり鉢状のくぼみ（1919年火口）が見える。これらはいずれも水蒸気爆発の火口である。その奥の茶碗を伏せた形の山が御苗代火山、後方が薬師岳と岩手山頂である。

黒倉山頂から登山道を南に下ると切通分岐である。ここから凹地の中に下りていくと、1919年火口の縁に出る。火口は白く変質した岩石の中に生じている。火口壁を見ると水蒸気爆発の噴出物が何層も積み重なっている。この大地獄谷では水蒸気爆発がくり返し発生しているのである。火口縁の細い尾根を北に下ると大地獄谷北火口の上に出る。眼下の噴気地点に硫黄塔（写真❹(b)）が形成されている。硫黄塔は1998年以降噴気温度が上昇したことに伴って、場所を変えながら大きく成長したが、現在は成長が止まっている。硫黄塔から泥硫黄が流れ出た。噴気地点と硫黄塔を間近で観察するには、噴出する二酸化硫黄・硫化水素ガスを避けるためガスマスクが必要である。

1919年火口から登山道を東に向かうと、八つ目湿原（天然記念物特別保護地域指定）に出る。この先に火口湖の御苗代湖（水深10.3m）と御釜湖（水深12.4m）がある。御苗代湖の湖岸は垂直の壁にとり巻かれているが、北西側の壁は切れている。湖の南寄りには垂直の壁を有する小火口が水没しており、ここが最深部である。御釜湖はすり鉢状の静寂な火口湖である。帰路は黒倉山南の迂回路を利用すると早い。リフトを利用する場合は、リフト乗場の到着時間が気がかりである。

なお、網張登山口には休暇村岩手網張温泉、岩手山を紹介する網張ビジターセンターがある。また葛根田川沿いに天然記念物玄武洞（1999年に大崩落）がある。

〈引用文献〉
土井宣夫・柳沢忠昭（2012）岩手山の火山長期予測に向けたテフロクロノロジーの高精度化. 平成24年度全国地学教育研究大会・日本地学教育学会第66回全国大会、岩手大会講演予稿集、218-223.

05　AKITAKOMAGATAKE　秋田県

秋田駒ヶ岳 ★★☆

- カルデラとその中の火砕丘群、溶岩流、カルデラ壁の岩脈群
- 山頂のカルデラ地形と、男岳付近の岩脈群、カルデラ内部に形成された女岳・小岳などの火砕丘群、女岳から流れ出た本州で最も新しい溶岩流
- 八合目駐車場 → 阿弥陀池 → 男岳 → カルデラ底 → 小岳 → 大焼砂 → 八合目駐車場
- 「アルパこまくさ」（日帰り温泉・火山防災ステーション・情報センターの複合施設）、山麓の温泉群（国見温泉、水沢温泉、田沢湖高原温泉、乳頭温泉郷）、田沢湖

火山地形の箱庭

　秋田駒ヶ岳は、秋田・岩手県境のほぼ中央に位置する活火山であり、男女岳、男岳、横岳、女岳、小岳などのピークによって構成されている。山頂部の南半分は、長径3km、短径1.5kmのカルデラ（南部カルデラ）によって占められる。男岳はカルデラ縁の最高標高点であり、女岳と小岳はカルデラ内に形成された火砕丘（爆発的な噴火で飛ばされたマグマの塊やしぶき［火砕物と呼ばれる］が、飛行中に冷えて固まり、降り積もってできた小火山体）である。他方、男女岳は、山頂部の北側半分を占める凹地の中でくり返して発生したマグマの噴出により形成された、基底直径約500m、比高約100mの、秋田駒ヶ岳火山では最も大きな火砕丘である。男女岳山頂が秋田駒ヶ岳火山の最高地点であり、一等三角点（1637m）が存在する。

　秋田駒ヶ岳火山は、10万年ほど前に活動を開始し、標高1700mあまりの成層火山（溶岩流と火砕物が積み重なってできた火山体）を形成した後、約1万3000年前の大きな爆発的噴火によって南部カルデラができたと考えられている。その後、溶岩流の流出や爆発的噴火がくり返して発生し、男女岳、女岳などの火砕丘がつくられた。最も新しい噴火は、1970〜71年に発生した女岳の噴火である。約4ヵ月間にわたり小規模な爆発的噴火（ストロンボリ式噴火）を頻繁にくり返すとともに、全長約500m、最大幅約300mの溶岩流が形成された。この溶岩流は、本州で最も新しい溶岩流である。

　秋田駒ヶ岳では、1970〜71年噴火の後、1976年頃にかけて、女岳だけでなくカルデラ壁内側などで地熱活動が活発化したが、その後活動は低下した。しかし、2005年頃から地熱活動の兆候が認められるようになり、地熱異常域の拡大が観測されている。これらの地熱活動は、2016年夏の時点でも継続していることから、女岳周辺への登山にあたっては、気象庁のホームページなどで最新の火山情報を確認して入山することが望まれる。

　以下では、車で行くことができる最も高い地点である八合目駐車場から出発し、男岳、女岳、小岳などをめぐって八合目駐車場に戻るコースをたどる。このコースでは、比較的手軽に、カルデラ、火砕丘、溶岩流、岩脈などの多様な

火山地形を間近に見ることができる。所要時間は4時間程度である。

なお、出発点の八合目駐車場への道路は、6月〜10月の土曜日、日曜日、祝日と、6月下旬〜8月中旬の平日の早朝から夕方までの時間帯は、自家用車の通行が禁止される。代わりに、田沢湖駅―八合目間と山麓の田沢湖高原―八合目間に定期バスが運行される。田沢湖高原のバス発着所には、自家用車からの乗り換え用に広い駐車場が備えられている。また、同所には、日帰り温泉・火山防災ステーション・情報センターからなる複合施設「アルパこまくさ」があり、山歩きの疲れを取るとともに、秋田駒ヶ岳火山に関する情報を入手することができる。

八合目駐車場には、トイレを備えた避難小屋と水場がある。ここでしっかりと準備をし、歩き始める。登山口の右手にある焦げ茶色の小ぶりな建物は、気象庁の火山観測施設であり、地下100mにおいて地震や傾斜変動の高感度観測を行っている。登山道は、最初傾斜がややきついが、途中から穏やかになり、大変歩きやすい。高度が上がり眺望が開けると、秋田焼山や森吉山などの火山が遠くに見える。登山道は男女岳の西側をまいて、阿弥陀池の西端へとのびている。約1時間の行程である。途中、男女岳西麓の登山道からは（写真

❶ 男女岳西麓の登山道から望む田沢湖

■ 05 秋田駒ヶ岳 秋田県

❶)、眼下に田沢湖を望むことができる。阿弥陀池の東端には、山頂部では唯一となるトイレを備えた避難小屋が建っているので、必要に応じて利用するとよい。

阿弥陀池の西端からは、秋田駒ヶ岳火山の南部と北部を分ける男岳と横岳を結ぶ山稜へ登り、男岳―横岳ルートとカルデラ内へ下りるルートの分岐点で右に曲がる。ここからは男岳へ向けて岩の多い登山道をひたすら登る。登山道の途中から（写真❷）、女岳とカルデラ壁を突き破る岩脈群を見ることができる。阿弥陀池から30分弱で男岳山頂に到着する（写真❸）。男岳はカルデラ縁の北端に位置する最高標高点（1623m）であるが、独立標高点であり、測量基準点はない。男岳山頂から女岳山頂が間近に見える。

女岳は、基底部直径約400m、比高約150mの火砕丘である。女岳山頂には小火口の凹みがいくつか存在

❷ 男岳登山道から見た女岳と男岳下の岩脈

❸ 男岳山頂から見た女岳 1970～71年溶岩流（上）と小岳（下）

45

❹ カルデラ底から見た男岳付近の岩脈群

し、中にはかすかに蒸気を上げているものもある。1970〜71年噴火は、その中の西側に位置する小火口で発生した。溶岩流の上端に位置する小さな円形の火口である。溶岩流の広がりに比較して、供給源の火口は意外に小さい。噴火当時、火口内に溶岩の池ができ、そこから数分間隔で小規模な爆発的噴火(ストロンボリ式噴火)をくり返すとともに、火口からあふれ出た溶岩が斜面を流れ下った。当時、多くの見物客が男岳山頂に陣取り、この花火大会のような噴火を飽きずに眺めていたものである。今では考えられない、のんびりとした光景であった。溶岩流は地形が新鮮なままに保たれており、幾筋にもわたって何度も溶岩が流れたことが見てとれる。流れの跡は、両側が高くなりこれにはさまれた中央部が凹んでいる。流れの側面が早く冷えて固まるのに対して、内部では溶岩が冷えにくく流下が続くことからできる地形であり、両側の高まりは溶岩堤防と呼ばれる。

男岳から見て女岳の左手には、小さくかわいらしい小岳が存在する。これも女岳と同じく火砕丘である。俯瞰することにより、多重構造をしていることがよくわかる。

男岳の先の登山道にあたる五百羅漢の細尾根をはじめとして、男岳周辺や北側のカルデラ壁では、ほぼ垂直に立つ板状の岩脈がいくつも存在する。これらの岩脈は、カルデラが形成される前の成層火山にマグマを供給した供給路が冷えて固まったものと考えられる。

次に、登ってきた道を分岐点まで戻り、カルデラ底へ下りることにする。これまでと一変して急坂の下りとなるので、転ばぬよう、また足を痛めないように注意したい。カルデラ底に下り立ち、女岳山麓の登山道の周囲を注意深く観

察すると、まだ新鮮な1970〜71年噴火で放出された火山弾を見つけることができる。小岳の手前（写真❹）で男岳の方向を振り返ると、カルデラ壁に立ち並ぶ岩脈群がよく見える。

　道は、小岳の麓を通り、男岳から1時間10分ほどで東側のカルデラ縁の分岐点にたどり着く。この間、カルデラ底は黒っぽい砂礫で敷きつめられている。これらは、女岳や小岳の爆発的な噴火で噴き上げられたマグマのしぶきが冷え固まって降ってきたもの（スコリア）である。

　カルデラ縁の分岐点では左に折れて再度登りとなる。砂礫が広がり植生に乏しい大焼砂と呼ばれるカルデラ縁内外のこの地域の風景は、小岳の噴出物が降り積もってできたものである。砂礫の足元は滑りやすく、大変歩きにくい。

　30分あまり歩くと、カルデラ北東隅のピーク、横岳（写真❺）に到着する。ここから南西方向を見ると、南部カルデラとその中に形成された女岳、小岳、南岳の火砕丘群（中央火口丘とも呼ばれる）を眺望することができる。さらに、向きを変えて北方を見ると、広く広がる凹地形の中に、男女岳をはじめとする大小の火砕丘が存在するのが見てとれる。天気がよければ、北東方向の奥に、南部片富士と呼ばれる岩手山の姿が見える。

　横岳山頂から八合目駐車場まで、約40分間の下りとなる。八合目からは、「田沢湖」駅までのバスに乗り帰路につくのもよし、山麓でバスを乗り換え、温泉で疲れをいやすのもよい。秋田駒ヶ岳の周囲には、秘湯と呼ばれるものを含めて、多くの温泉が存在する。温泉に泊まった翌日には、田沢湖に立ち寄るのもよいであろう。

❺ 横岳から望む、南部カルデラ（上）と、北部の大小火砕丘（下）

06 AZUMAYAMA　福島県

吾妻山 ★☆☆ (1)
　　　　　★★☆ (2)

- 火口群、火砕丘、火口湖
- 120年前の噴火で生じた火口列、約5000年前の噴火で形成された火砕丘の吾妻小富士、桶沼と火口湖五色沼
- (A) 浄土平 → 吾妻小富士火口縁一周 → 浄土平 → 桶沼 → 浄土平
  (B) 浄土平 → 一切経山・五色沼 → 浄土平
- 温泉群（高湯、土湯、微温湯、幕川、野地、新野地、鷲倉など）、ビジターセンター、天文台

山陰にひっそりたたずむ「魔女の瞳」

　吾妻火山は、福島市の西部から米沢市の南部にかけて福島・山形県境に沿って広がる東西約20km、南北約17kmの領域に分布する火山群の総称である。この中で、1万年以内に噴火し、活火山とされるのは、最も東に位置する一切経山から吾妻小富士に至る浄土平周辺の火山群に限られる。本書では、これらの火山を、2コースに分けてめぐる。

　吾妻火山では、1893～95年と1950年に小規模な噴火が、1952年と1977年にはごく小規模な噴火が発生している。1893～95年噴火は、一切経山南斜面にできた複数の火口（火口列）で発生した。そのほかの噴火は、その東側に隣接する大穴火口で発生している。これらの火口は、大勢の観光客が訪れる浄土平から600m程度の至近距離にあり、注意が必要である。最近では、2008年11月に大穴火口内に新しい噴気が出現し、有害な二酸化硫黄を含む火山ガスの放出が始まった。この活発な噴気活動は衰えながらも現在まで続いている。登山に際し、気象庁ホームページなどで最新の火山活動情報を確認して入山する必要がある。さらに、スカイライン沿いでも高濃度の火山ガスが観測されることがあることから、呼吸器疾患や循環器疾患を持っている人は特に注意が必要である。

　火口めぐりの出発点となる浄土平へは、休日や観光シーズンに、「福島」駅から定期観光バスが1日2便運行される（2016年7月現在）。車で行く場合には、高湯温泉か土湯峠からスカイラインをたどる。浄土平には有料駐車場があり、トイレのほかに、福島県レストハウス、環境省のビジターセンターと福島市天文台が設置されている。また、浄土平から土湯峠方面へ約1kmの兎平に無料駐車場がある。

　一切経山の南東山腹では、15万年前頃に大規模な山崩れが発生し、直径約2kmの東方に開いた崩壊地形が形成された。浄土平はこの崩壊地形の底にあたる。その後、崩壊地の中に吾妻小富士や桶沼などが噴出した。吾妻小富士火山は、底部直径1.5km、比高200m前後の小火山であり、山頂部には直径約450m、深さ約130mの火口を持つ。小さな富士山型をした特徴的

❶ 吾妻小富士から望む浄土平と1893～95年火口列・大穴火口（上）と、大穴火口・硫黄平南火口列と一切経山の崩壊地形（下）

な姿は遠方からでも目立ち、山麓の人々に古くから親しまれてきた。山体は、主として爆発的な噴火によって飛ばされたマグマの塊やしぶき（火砕物）が、空中で半ば固まった状態で地表に降り積もってつくられたもので、火砕丘と呼ばれる。また、マグマの一部は、山体の麓から東方へ流れ下り、全体として幅2.5km、長さ約5kmの溶岩流を形成している。爆発的な噴火や溶岩の流出は、約6000年前から約5000年前までの長い期間にわたり、くり返して発生した。桶沼火山も、吾妻小富士より少し前の時期に、同様の爆発的な噴火によって形成された。底部直径約350m、火口直径200m、比高約40mの小型火砕丘で、火口内に水をたたえる。ほぼ同時期に形成されたにもかかわらず、吾妻小富士では植生が乏しいのに対し、桶沼は木々に覆われ、火口内に水をたたえているのは、地下水の豊富さを表している。

コースA：はじめに、吾妻小富士に登り、浄土平周辺の火山地形を概観するとともに、火砕丘としての吾妻小富士の内部構造を観察する。吾妻小富士の火口縁へは浄土平から10分間程度の登りで到着する。火口縁から西方を望むと、左手、一切経山の稜線の手前に直線状に並んだ火口を認めることができる

■06 吾妻山 福島県

❷ 吾妻小富士火口の内部

（写真❶）。これは 1893 〜 95 年の噴火で形成された火口列である。その右側の斜面の上部に噴気を上げているやや大きな大穴火口（直径約 200 m）がある。大穴火口付近から右側へ一切経山山頂方面にのびる急崖は、約 15 万年前に発生した大規模な山崩れの崩壊壁である。ここでは一切経山の内部構造を見ることができ、均質な溶岩流と不均質な溶岩の塊（火砕物）の層の互層でできた成層火山であることがわかる。崩壊壁から下方に目を移すと、火口地形や火口の名残を示す円弧状の壁が吾妻小富士に向かって配列しているのが見てとれる。その左手にはいくつか小火口が存在する。これらは硫黄平南火口列と呼ばれる。最近 2000 年以内に吾妻火山で発生した噴火は、1893 〜 95 年を除き、大穴火口または硫黄平南火口列で発生したと考えられている。

　吾妻小富士の火口は 1 時間足らずで一周することができる。火口縁や火口壁を観察することによって、この火山体が噴き上げられたマグマの塊やしぶき（火砕物）が降り積もってできているのがわかる（写真❷）。また、小富士東側

51

上❸ 吾妻小富士火山北東山腹の溶岩流
下❹ 火口湖桶沼

の山腹を眺めると、幾筋にも分かれて溶岩が流れ出たことがわかる（写真❸）。

　浄土平に下山した後、少し南方へ足をのばして桶沼を訪れたい。ここでは、吾妻小富士とは違った趣を感じることができるであろう（写真❹）。浄土平の中の木道をたどり、往復30分間程度の行程である。

コースB：次に、山陰に隠れた美しい火口湖五色沼を目指して一切経山に登る。出発点の浄土平からは、大穴火口から立ち上る噴気や、一切経山南東山腹の崩壊壁がよく見える（写真❺）。元来、一切経山山頂へ行くのには、一切経山南斜面上を直登する、1893～95年噴火火口列の南西縁に沿って登るルート（案内図で青色の破線のルート）が、多くの人々によって利用されていた。しかし、2008年11月に大穴火口内で新しく活発な噴気活動が始まってからは、この直登ルートは、有毒な火山ガスに巻きこまれる危険があるために、立ち入り禁止となっている。

　直登ルートは1893～95年噴火火口列の縁を通ることから、これらの火口の内部を間近に見ることができ、また、尾根筋であることから吾妻小富士や桶沼などの火口を俯瞰することができた。しかし、代わりの酸ヶ平を経由するルートは谷筋を経由して尾根の西側へ出てしまうために、吾妻小富士や桶沼の全体を見るのには適していない。ここでは、参考のために、立ち入り禁止にな

❺ 浄土平から見た大穴火口の噴気。大穴火口の左側に1893〜95年火口の上部が、右側に一切経山の崩壊地形が見える

る前に直登ルートで撮影した写真を2枚掲載しておく。1枚は、登り始めてから間もなくの登山道から少し下がったところに立つ1983年噴火で殉職した三浦技師の慰霊碑の写真である（写真❻）。同じ噴火で殉職した西山技手の慰霊碑が三浦技師のものの少し下のほうにある。登山道を通る人が多かったときにも、これらの殉職者慰霊碑に気づく人はいなかった。もう1枚の写真は、1893〜95年火口列の中で最大の火口の縁から撮影した写真で、同火口の内部と吾妻小富士、桶沼、浄土平の全体像をうかがう

❻ 三浦技師慰霊碑

53

❼ 1893〜95年火口（手前）と吾妻小富士（奥中央）、桶沼火口（奥右隅）

ことができる（写真❼）。火山ガスの危険が去り、直登ルートの通行が可能となって、多くの人々がこの光景を実際に見ることができる日が早く来ることを切に願うものである。

　一切経山山頂へは、酸ヶ平経由で、1時間半程度の登りとなる。酸ヶ平には、トイレを備えた避難小屋がある。登山路の途中、直登ルートとの合流地点から上部では登山道の西側に、開けた沢状の地形が存在する。これは2つの火口が南北に連なったものであり、一切経南火口列と呼ばれている。また、一切経山頂の西側には、直径500mの浅い一切経火口が存在する。前者は約7000年前に、後者は約5000〜3000年前に活動したと推定される。一切経山の山頂には一等三角点（1949m）が設置されている。山頂からは、天候がよければ、飯豊の山々、朝日連峰、蔵王火山を望むことができ、月山の姿も認めることができる。山頂の三角点を通り過ぎて数十m先に進むと、足下に美しい火口湖（火口直径約500m）が出現する（写真❽）。「魔女の瞳」の異名を持つ五色沼である。深い青い色をして山の間に静かにたたずむ姿は、

❽ 火口湖五色沼

何度見ても感激するほどすばらしく、登山の疲れを一気に吹き飛ばしてくれる。この火口は、桶沼火口と同時期の、約7000年前に活動したと推定されている。五色沼を見ることができれば、吾妻火山の火口めぐりは終了である。足元に気をつけて登ってきた道を戻り、約1時間で浄土平へ帰着する。その後は、帰宅を急ぐなり、温泉で疲れをいやすなり、お好み次第である。

（注）吾妻火山では、2014年12月に地震活動が活発になったことから、小規模な噴火が発生する可能性があるとして、気象庁より噴火警戒レベル2が発表された。それに伴い、大穴火口から500mの範囲が立ち入り禁止となり、浄土平から酸ヶ平へ登るルート、酸ヶ平から一切経山へ登るルートが通行禁止になっている（2016年7月現在）。

07 BANDAISAN 福島県

磐梯山 ★★☆

- 爆裂カルデラ、山体崩壊、岩屑なだれ
- 爆裂カルデラ、カルデラ壁、沼ノ平火口
- 磐梯東都バス・バス「猪苗代」駅 →「裏磐梯高原」駅
  徒歩：→ 裏磐梯スキー場 → 銅沼 → 中ノ湯 → 弘法清水小屋 → 沼ノ平
- 五色沼、桧原湖(ひばらこ)、中瀬沼展望台、見祢(みね)の大石、猫魔八方台、山湖台

■ 07 磐梯山 福島県

128年前の大規模な水蒸気爆発による
爆裂カルデラ

　磐梯山は、1888年に大規模な水蒸気爆発型の噴火活動をして、小磐梯山の山体が崩壊して岩屑なだれとなって北麓に流れ下ったため大災害となった。現在の裏磐梯高原はこうしてできた岩屑なだれの堆積した地域である。噴火活動によってできた比較的新しい火山地形や堆積物を観察でき、山頂部の崩壊地形の大露頭は、この噴火活動の爆発の大きさを実感できる。裏磐梯地域では、岩屑なだれの堆積物、流れ山地形などが観察でき、この地域全体を眺望できる場所もある。磐梯山噴火記念館や裏磐梯ビジターセンターもあり、磐梯山と1888年噴火についての展示もある。また、近隣には吾妻山や安達太良山の活火山もあり、道路や登山路もよく整備されているので、これら3つの活火山を比較して観察できる。この地域は国立公園に指定されていて、春や夏はハイキングや登山、秋は紅葉での散策、冬はスキーなど四季を通して楽しめ、温泉湧出地も多いため、有数の観光地となっている。

　磐梯山は1888年7月15日朝、爆発性の強い水蒸気爆発型の噴火活動を開始した。この活動では大磐梯山とほぼ同じ高さであった小磐梯山が山体崩壊して、岩屑なだれとして北麓に流れ下って、現在の北塩原村と猪苗代町の一部の地域の家屋などが完全に埋没した（写真❶、❷）。この爆発に伴って疾風（爆風、ブラスト、水蒸気爆発サージ）が東麓の琵琶沢などを下って多数の木がなぎ倒さ

上❶ 噴火直後の磐梯山（関谷・菊池、1889）
下❷ 北麓からの磐梯山（磐梯山噴火記念館）

57

れ、山麓では家屋破壊などの被害が出た。近年の調査によれば、この噴火の犠牲者総数は477人で、死因の内訳は、岩屑なだれ60%、泥流24%、爆風5%、ほか11%であった。米国セントヘレンズ火山の1980年のマグマ噴火でも同様の山体崩壊が発生し注目された。

山体崩壊した山頂部には北に開いた火口と、それに続くU字形に開いた大規模な凹地形が形成され、この地形全体を爆裂カルデラという。この噴火後から泥流（土石流）が発生し、約25年に及ぶ長期にわたって被害が続いた。こうした噴火活動の様子を山頂付近や裏磐梯地域の地形や堆積物で観察できる。また、磐梯山噴火記念館や裏磐梯ビジターセンターでは、磐梯山や噴火に関する資料や、この地域の自然環境などが紹介されているので、立ち寄るとよいだろう。この地域は磐梯山ジオパークとして指定されていて、見どころの解説がある。裏磐梯高原へのアクセスは「猪苗代」駅からバスが利用できるが、車を利用して各所を回るのもよいだろう。また、宿泊施設も多く、よく整備されている。

STOP 1：裏磐梯スキー場リフト終点

「裏磐梯高原」駅から徒歩約40分で裏磐梯スキー場ロッジに出る。ここからリフトに沿ってスキー場を登ってリフト終点まで行く。この付近は、1888年噴火活動の際の爆発の火口の北縁にあたる地点である。北を望むと、桧原湖、小野川湖、秋元湖などの多数の湖沼のある岩屑なだれ堆積地域を見渡せる（写真❸）。現在の裏磐梯高原は標高約800m程度の全体として平坦地となっているが、噴火前は旧長瀬川の渓谷地域であった。岩屑なだれの最も厚いところでは層厚約200mにもなる。岩屑なだれの堆積した地域は、この平坦面をたどると容易に分布域がわかる。岩屑なだれ堆積物の表面地形に凹凸があるのは、多数の小丘が形成された流れ山地形を形成しているためである。成層火山ではこうした山体崩壊と岩屑なだれが発生することがあり、わが国でも鳥海山、富士山、雲仙眉山などで確認されている。岩屑なだれの発生があったことは山頂部に大規模崩壊地形があり、山麓に流れ山地形が確認され、推定できる。

ここから後ろの山頂方向を見ると、山頂部の大磐梯山、その左に櫛ヶ峰が

❸ 上空からみた裏磐梯地域（福島民報）

見えて、その下に火口壁の大露頭が見える。火口壁からこの付近までの径約2kmが平坦地で、現在は北に開いているが、噴火当時の火口であった地域である。山体崩壊によって、この付近から北麓方面に、山体を構成していた物質が流れ下りた。ここに立つと、128年前に発生した水蒸気爆発のエネルギー規模がいかに大きかったかをイメージすることができるだろう。

　ここから、銅沼を経由して中ノ湯を経由するルートと壁を直登するルートが分岐しているが、中ノ湯へ向かうルートをとろう。

STOP 2：銅沼

　裏磐梯スキー場リフト終点から山道に沿って樹木の中を約10分程度進むと、銅沼の湖畔に出る。ここからは、銅沼の由来となる赤褐色に染まった岩石や沼が見られる。この辺の岩石や湖沼が赤茶色に染まっているのは、鉄分が多く酸性度が強い湖沼水によると説明されている。また、ここからは火口壁を間近に望むことができるが、その一部に噴気が立ち上っている地点も確認でき

59

る。現在の噴気の勢いはさほど強くないが、噴火直後には火口壁から勢いよく立ち上る直線状の噴気列があったことが、当時の写真や描かれたスケッチに残っている（写真❶）。現在噴気が立ち上っているのはその一部である。櫛ヶ峰の直下の火口壁の大露頭には、成層構造をした溶岩流や砕屑性堆積物が確認でき、火山の山体内部の堆積構造がよく観察できる。

　ここから、樹木の中のルートで中ノ湯へ向かおう。

STOP 3：カルデラ壁

　やや急傾斜の樹木の中の登山道を歩いて、火口壁を登ったところに中ノ湯がある。中ノ湯には温泉湧出があるが、現在は営業しておらず廃屋になっている。噴火前には、上ノ湯、中ノ湯、下ノ湯があり、噴火活動では湯治客が多数被災した。ここからは、火口壁に沿って登るきつい登山道である。約1.5時間程度の登山で弘法清水小屋に着く。ここは飲料用の湧水もあり、夏季は休憩小屋として営業されている。ここから大磐梯山山頂への登山道もあるが、今回は沼ノ平への登山道を進もう。登山道は火口壁のすぐそばを通るので、足場がよく、見晴らしのよい場所を選んで休憩してみよう。ここからは火口壁の大岩壁とその下に広がる火口底がよく眺望できる（写真❹）。火口壁をつくる壁は複雑に崩壊していて、その一部は現在も不安定である。東日本大震災の際にも、この壁はかなり大規模に崩壊した。この火口壁の西側はやや複雑な地形で、銅沼方面へ続く。東側は馬の背地形で、先ほど銅沼から眺望できた櫛ヶ峰へと続いている。火口底から北麓へ眺望すると、桧原湖などを含む岩屑なだれ堆積地域がよく眺望できる。ここでも、この噴火での小磐梯山の山体崩壊がかなり大規模であったことが想像できるだろう。

❹ 磐梯山の1888年噴火の火口底

■ 07 磐梯山 福島県

❺ 沼ノ平火口と大磐梯山

　ここから、反対側を見ると、沼ノ平火口方面を望める。噴火前からあった沼ノ平火口では噴火に際しては活動中心でなかったため、火口地形がよく残っている。沼ノ平火口は東側の琵琶沢方向に大きく開析されていて、ここから噴火の際に爆風が抜けていった。また、噴火後には泥流も下っている。

STOP 4：沼ノ平火口

　火口壁を下りると、沼ノ平の火口底に出る。沼ノ平火口壁の一部には噴気帯がある。磐梯山山頂での噴気帯は2か所が確認できて、その1つがここから見える沼ノ平火口で、ほかの1つは先ほどの銅沼から見えた火口壁地点である。沼ノ平火口底を赤埴山へ向かうルートへ向かい、その途中で沼が見える地点が休憩できる場所である。沼ノ平火口内では、江戸時代くらいから硫黄の採掘がされていたことの記録があり、現在でも各所に硫化変質した堆積物が確認できる。沼ノ平火口底からは、木立があって眺望はややさえぎられているところが多いが、大磐梯山の東面の沼ノ平火口壁が見られる（写真❺）。大磐梯山

の山体を構成している成層構造を持つ砕屑性堆積物の露頭を見ることができる。また、東側には沼ノ平火口から琵琶沢に抜けている急峻な渓谷地形を観察できる。1888年噴火の際には、猛烈な爆風がこの琵琶沢を抜けていったため、この付近で多数の倒木があったことが報告されている。また、泥流もこの沢を下っていった。

沼ノ平から戻るルートは、中ノ湯経由でも戻ってもよいし、天候がよく安全が確認できれば櫛ヶ峰付近からカルデラ壁を直接下るルートもある。いずれも裏磐梯スキー場に出て裏磐梯高原駅に戻る。

磐梯山地域の観察は、裏磐梯高原、ゴールドライン沿い、表磐梯地域と見どころが広がっているので、車を利用してこれらの地域を回るのもよいだろう。おもな見どころを以下に概略する。

STOP 5：磐梯山噴火記念館付近

この記念館の道路をはさんだ南側に、1888年噴火の岩屑なだれ堆積物と流れ山地形が観察できる露頭が保存されている。岩屑なだれの堆積物は、全体がよく混合されないままに堆積したため、山体構造を残している。上下や左右が逆転した巨大ブロックからなるブロック相（岩塊相）とその周囲の粉砕された細粒岩片からなるマトリックス相（基地相）が観察でき、堆積物最上部は泥流堆積物が被覆している。

STOP 6：中瀬沼展望台

桧原湖の湖畔の高台になっていて、北麓からの磐梯山が眺望できる。年々植生が発達して樹木が大きくなって、地形が読みとりにくいが、北麓から崩壊した磐梯山の地形とそこから広がった岩屑なだれ堆積地域の流れ山地形が観察できる。五色沼付近には大型の流れ山の分布があり、やや凹凸地形の起伏が大きく、桧原湖の中にも大型流れ山が島々として残っているのが確認できる。磐梯山から遠ざかるにつれて、流れ山のサイズや分布が減少していることもわかる。

■07　磐梯山　福島県

❻ 噴火直後の見祢の大石（岩田善平　1888）

STOP 7：見祢の大石

琵琶沢から南麓には岩屑なだれの一部、あるいは大規模泥流が流れ下っている。その際の大型の岩塊が残されて、噴火後に撮影された写真やスケッチが残っている（写真❻）。この岩塊は、「見祢の大石」という史跡として現在保存されている。

STOP 8：山湖台

ゴールドラインの中ほどに猫魔八方台、南に山湖台がある。山湖台からは磐梯山南麓が眺望できる。磐梯山南麓に発生した大規模岩屑なだれの流れ山地形が猪苗代湖北西岸に分布し、日橋川が迂回しながら会津盆地に流れている。

08 HAKONEYAMA 神奈川県・静岡県

箱根山 ★★☆

- 山体崩壊
- 流れ山、噴気地帯、溶岩ドーム
- （長尾峠）→ 箱根ビジターセンター → 姥子 → 大涌谷 → 冠ヶ岳
- 神奈川県立生命の星・地球博物館、神奈川県温泉地学研究所

東京に一番近い火口を歩く

　箱根山は年間を通して、いつでも訪れることが可能であるが、年によっては冬にかなりの積雪があり、今回の目的地である大涌谷への交通も遮断されることがある。また、大雨が降ると全山通行止めになることがある。観光地ではあるが、山であるということを忘れずに、装備や行程の計画、天気予報や道路情報のチェックをしてほしい。

　目的地である大涌谷には、バスやロープウェイ、自家用車でアクセスできるが、今回は箱根ビジターセンターを起点としたハイキングをしてみたい。もし自家用車であれば、箱根ビジターセンターに行く前に、ぜひ長尾峠に行って、遠くから大涌谷がどう見えるか確認してほしい。

　御殿場インターチェンジから国道138号線（乙女道路）を箱根方面に上がっていく途中、「深沢東」交差点で県道401号線に入る。この道路は途中でいくつか富士山のすばらしい眺望がある。これを登りきると「長尾隧道」という狭いトンネルがあり、これを抜けるとすぐ箱根の中央火口丘が眼前に広がる。トンネルを出たところの右側に展望スペースがあり、中央火口丘が観察できる（写真❶）。大きな車は止められないので、トンネルの静岡側に止めなくてはならない。トンネルを徒歩で神奈川県側に向かうときは、十分気をつけてほしい。

　神山の北側はスプーンでえぐられたようになっているが、その窪地の中にできた三角形の山が冠ヶ岳である。冠ヶ岳のすぐ左側に見える、湯気が上がって

❶ 長尾峠からの展望

いるあたりがこれから目指す大涌谷である。神山がえぐられているようなかたちになっているのは、約3000年前にこの部分が崩れてしまったためである。火山では時々、山のかなりの部分が崩れてしまうことがある。これを山体崩壊という。山体崩壊は、歴史時代にも1888年に磐梯山（56ページ）、1792年に雲仙の眉山（170ページ）でも起きて、多数の死者が出ているおそろしい災害である。

　山体崩壊でできた土砂を岩屑なだれ堆積物というが、神山の手前に見えるゴルフ場はその堆積物が形成した地形である。全体的にハマグリを伏せたような形をしているように見えるのがおわかりいただけるだろうか。ハマグリの右手を見ると芦ノ湖が見える。芦ノ湖はこのハマグリ、つまり岩屑なだれ堆積物によってせき止められたせき止湖である。ゴルフ場の中をよく見ると川が流れているのが見える。これが芦ノ湖のほうから流れてきた早川である。これから訪ねる箱根ビジターセンターはハマグリの右端、芦ノ湖畔に近いところにある。大涌谷へのトレッキングコースはハマグリの右端を歩いて行く格好になる。

　箱根ビジターセンターは大きな駐車場がある。観光シーズンの休日、大涌谷の駐車場は大変混雑するので、ここに駐車させてもらって徒歩で大涌谷を目指したほうがよいかもしれない。トイレも完備されている。建物の中には箱根の地形模型があるほか、箱根火山の歴史や自然を紹介する映画が上映されている。

❷ 箱根ロープウェイ「姥子」駅近くにある「舟見岩」

大涌谷へのトレッキングコースは「大涌谷湖尻自然探勝歩道」という名前がついている。コースマップは箱根ビジターセンターで入手できるので、係員に尋ねてほしい。自然探勝歩道にはいくつかの枝道があるが、箱根レイクアリーナ近くにある「金太郎岩」、ロープウェイ「姥子」駅近くにある「舟見岩」など

■ 08 箱根山 神奈川県・静岡県

❸ 大涌谷湖尻自然探勝歩道沿いの噴気地帯

はそうした枝道沿いにある（写真❷）。これらの岩は、「流れ山」という。流れ山とは山体崩壊の時に流れ出た巨岩のことで、岩屑なだれ堆積物の表面に特徴的に見られる。

　自然探勝歩道は姥子で旅館「秀明館」の敷地を通るような格好になる。姥子温泉は現在、何本かの温泉井戸が掘削されてホテルもあるが、元は人里離れた湯治の地であった。姥子の地名は、幼い坂田金時（金太郎）が乳母に連れられてこの地を訪れ、眼病を治したという伝説に由来しており、古くからここの温泉は眼病に効くといわれている。秀明館の内風呂は姥子古来の自然湧泉で、崖から温泉が湧くところが見える。泉質は成分が少ない単純温泉で、pHは3に近い弱酸性である。

　姥子からさらに自然探勝歩道を上がってしばらく行くと、大涌谷の噴気地帯に入る。まず目に入るのは左手に広がる小さな噴気地帯である（写真❸）。通

67

❹ イオウゴケ。赤い部分は地衣類の生殖器官で子器と呼ばれる。イオウゴケの子器は色やかたちから「モンローリップ」とあだ名されている

る人がまばらなので、柵を越えて噴気地帯に入りたくなる気持ちもわかるが、噴気地帯は地下が空洞になっていることがあり、踏み抜いて大やけどを負う人もいる。危険なので柵は越えずに、双眼鏡で噴気孔を観察するとよい。きれいな硫黄の結晶が見える。また周辺の木陰には白っぽいコケのようなものが生えている。これをよく見ると赤い花のようなものが付いている。これはイオウゴケという噴気地帯に独特な地衣類である（写真❹）。

さらに行くといよいよ大涌谷の駐車場に出る。土産物店

❺ 箱根ジオミュージアムの展示

■ 08 箱根山 神奈川県・静岡県

❻ ジオミュージアム向かいの展望台から見た 2015 年噴火の火口域

がいくつか並んでいるが、一番大きい「くろたまご館」の1階に2014年4月、「箱根ジオミュージアム」が開館した（写真❺）。ジオミュージアムでは、箱根火山の形成史を解説する映画が大画面で上映されているほか、大涌谷を中心とした箱根全体の、温泉や砂防について学ぶことができる。ミュージアムの入口にあるインフォメーションでは大涌谷や箱根ジオパーク全体について、係員に尋ねることができる。インフォメーションの利用は無料である。

　箱根ジオミュージアムの1階の出口を出ると、道路の反対側に展望スペースがある。ここから谷底を見てみよう。谷底を流れている川は大涌沢という。この谷が大涌谷である。

　大涌谷では2015年6月29日に、ごく小規模な噴火が発生した。この噴火では直径20m弱の火口（15-1火口）が形成されたほか、直径数m前後の噴気孔が20個ほど新たに出現し、現在も活発に活動中である（写真❻）。展望スペースからはこれらの火口・噴気孔を間近に眺めることができる。

69

❼ 温泉造成塔（許可を得て撮影したもので、普段は立入禁止です）

❽ 斜面を固定する「アンカー工」

　また、大涌谷の谷底には人々の活動の痕が見られる。ところどころ、煙突のようなものが立っているがこれは温泉造成塔という（写真❼）。温泉造成塔の下には、蒸気井といって火山の蒸気を採集する井戸がある。井戸から吹き出してきた蒸気に、造成塔の上から水をまく。そうすると水と蒸気が混合して温泉ができる。こうしてできた温泉は造成温泉という。

　箱根地域の造成温泉は昭和の初めにつくり始められた。最初は自然の噴気を水に通して温泉にするような単純なものであったが、戦後、ボーリングをして採取した蒸気と水を混合するような今のスタイルが確立していった。現在、箱根では大涌谷のほか、湯の花沢、小涌谷、早雲山などで造成温泉がつくられており、箱根温泉全体の約３割の湯量が占めている。大涌谷で生産される温泉は箱根温泉全体の約１割程度で、仙石原や宮城野など掘削しても温泉が得られない地域の宿泊施設や保養所、別荘に供給されている。

　今度は大涌谷の壁面を見てみよう。展望台側の斜面にはコンクリートの擁壁やアンカー工がたくさん見られる（写真❽）。大涌谷は地すべりが頻発する地

域で、神奈川県では長年にわたって地すべり防止の工事を続けてきた。谷の向こう側には、岩盤が露出しているが、これは1910年に起きた崩壊の現場である。この時に崩壊した土砂は大涌沢を流れくだり、早川をせき止めた。しかし、翌日になって決壊して、土石流となって早川を流れ下った。このため、36戸の家屋が流失し、6人の死者が出た。対岸の斜面も不安定であるが、砂防工事をすると景観が損なわれるのでほとんど自然のままに残されている。砂防工事の詳しい内容や工法は、箱根ジオミュージアムで詳しく展示してある。

展望台から、山のほうに向かって行くと、大涌谷自然研究路の案内がある。この案内板から右の土産物の前の道を行くと「玉子茶屋」に至る。玉子茶屋のそばには名物「黒たまご」を製造している池があり、黒たまごのつくり方を解説した看板があるほか、卵を蒸している様子がわかる。黒たまごは文字どおり、殻が黒くなった卵である。黒い理由は硫化鉄が卵の表面に付着するからだという説明がされているが、黒たまごは時間をおくと色があせていく。硫化鉄は安定な物質なので、このような現象は説明できない。黒たまごの黒い理由は、まだ謎なのである。

いったん、大涌谷自然研究路の案内板まで戻って、今度は左手の階段を上がると、大涌沢沿いの噴気地帯のそばを通る歩道に出る。この歩道をしばらく行くと左手に神山への登山道との分岐に至る。ここから登山道を上って、冠ヶ岳に登ることができる。冠ヶ岳は約3000年前の山体崩壊直後に、崩壊地内に形成された溶岩ドームで、箱根火山で最も若い山体である。おそらく、山体崩壊は神山に冠ヶ岳をつくったマグマが入ってくることで、神山が不安定になって引き起こされたのであろう。

冠ヶ岳は山頂付近が濃い林となっているので、眺望はほとんど期待できない。しかし、この静寂な冠ヶ岳が、わずか3000年前には箱根の景色を一変させるような噴火を起こしたことを思い浮かべながら歩くと、登山の味わいも普通とは少し違ったものになるだろう。

さて、箱根火山には富士山の山頂にあるような火口がない。これが何となく火山らしくない印象を与えているように思われる。箱根に火口地形がないのは、噴出する溶岩の粘り気が高く、火口に山をつくってしまうためである。箱

■ 08　箱根山　神奈川県・静岡県

根山を訪れる観光客のほとんどは、大涌谷に充満するいわゆる「硫黄の臭い」や噴気に感心はするものの、富士山をバックにした記念撮影や土産物店でのショッピングに走ってしまい、箱根火山の活動に思いを致すことがない。この旅では、地形や何気ない風景に隠された火山活動のいぶきを感じてほしい。

　なお、2016年7月31日現在、「大涌谷湖尻自然探勝歩道」の姥子―大涌谷間、および「大涌谷自然研究路」、大涌谷周辺の登山道は2015年6月に発生した噴火の影響で通行止になっている。

富士山 宝永火口 ★★★

09 FUJISAN HOEIKAKO　静岡県

- 山腹火口、スコリア丘、スパター丘、溶岩流、アグルチネート
- 宝永火口、富士宮口六合目、水ヶ塚駐車場
- JR東海道新幹線「新富士」駅、JR東海道線「富士」駅・「三島」駅、JR身延線「富士宮」駅 → 富士急行バス富士宮口五合目 → 富士宮口六合目 → 宝永火口 → 富士急行バス富士宮口五合目 → JR東海道新幹線「新富士」駅、JR東海道線「富士」駅・「三島」駅、JR身延線「富士宮」駅
- 鑵子山（かんすやま）、腰切塚、印野胎内、奇石博物館

09 富士山 宝永火口　静岡県

日本一高い火山の一番新しい火口

　富士山は言うまでもなく日本一の標高を誇る山だが、同時に日本でも有数の活動的で大規模な活火山である。富士山に来ると、遠くから見た美しい景色とは打って変わって、岩石で覆われた荒々しい姿を見せる。山体を覆う岩石や、さまざまな形の火口や谷、丘などの地形1つひとつは、富士山の生い立ちを私たちに語ってくれる証拠である。これらの証拠から、富士山がどのように成長してきたのかを名探偵のように推理すれば、ハイキングの楽しみが何倍にも膨らむとともに、富士山によりいっそう愛着がわくだろう。

　ここでは、富士山の南東山腹に大きくえぐられた「宝永火口」（写真❶）まで歩いて、その噴火に思いをはせるトレッキングを紹介する。富士宮口五合目からの往復で、道のり約3.3km、高低差は約110m程度、数時間でも歩ききれるコースである。しかも高山のダイナミックな光景を満喫することができる。装備と行程をきちんと準備すれば、家族連れや初心者でも楽しむことがで

❶ 富士山の南東山腹にえぐられた宝永火口

きる。ただし高山の気象条件はとても厳しく変わりやすい。標高は高いところで2500mもあり、歩けるシーズンは夏から初秋に限られる。年によって残雪の程度や初雪の時期は変わるから、現地の自治体などの情報を入手しよう。夏はこのコースを歩くのに最適だが、大気が不安定で、午前中にどんなに晴れていても、午後から積乱雲が発達して雷雨になることがある。出かける際は必ず雨具を持参し、天候の変化に十分注意が必要である。少しでも天候悪化の兆しがあったら、ただちにトレッキングは中止しよう。

いまの富士火山は、約10万年前に活動を開始した。火山の寿命は一般的に数十万年くらいと考えられていることから、富士山はまだまだ若い、働き盛りの火山であると言える。西暦1707年の宝永噴火は、富士山で最新の噴火である。12月16日に南東の山腹で大規模な爆発噴火を開始して、何度か激しさの消長をくり返して1月1日まで活動を続けた。爆発的な噴火だったので、火口からスコリア（粒の大きさが0.2〜6.4cmの赤や黒っぽい軽石）や火山灰が噴煙によって上空高く舞い上げられ、西風に乗って江戸の町でも火山灰が降った。噴火の結果、富士山の南東山腹には3つの火口がえぐられるようにできた。山のえぐられ方を見ると、最初に一番下の第3火口ができ、次に中段の第2火口、最後に一番上部にある最も大きな第1火口ができたことがわかる。

富士宮口五合目には約350台の駐車場があるが、レジャーシーズンや土日を中心に混雑が激しいことが多い。そのような日には路線バスで行くことをおすすめする。近年、富士山では夏休みの登山シーズンを中心にマイカー規制が行われている。この場合は、富士宮口五合目に上がる道路「富士山スカイライン」に入る前の水ヶ塚駐車場または西臼塚駐車場にマイカーを止め、シャトルバスなどに乗り換える必要がある。公共交通（バス）で行く場合は、本数が少ないので注意が必要である。特に帰りのバスの最終時刻は十分にチェックしていこう。

水ヶ塚駐車場からは、天気がよければこれから登る富士山の南側の山体がよく見える。中腹には宝永火口がぱっくりと大きく口を開いている（写真❷）。水ヶ塚駐車場の周囲の丘、例えば駐車場西側の腰切塚などは、富士山のかつて

■ 09　富士山 宝永火口　静岡県

の山腹噴火でそこからマグマが噴き出し、スコリアや火山灰が火口周辺に積もってできた、スコリア丘と呼ばれる火口の一種である。

これから上はトイレや売店が極めて限られ、季節によってはほとんど閉まっていることもあるので、忘れずに用を済ませておこう。

水ヶ塚駐車場から富士宮口五合目までは、標高差が

❷ 水ヶ塚駐車場から見た富士山と宝永火口。駐車場の一角（写真右側）には上が白い半円形の電子基準点すなわち GPS アンテナがある。日本の国土が日々どのように動いているかをミリ単位で観測しているほか、火山観測にも用いられる

900 m 以上もある。登っていく途中、しだいに森林が広葉樹林から針葉樹林に変わり、樹高も低くなっていくのが実感できる。登山口の富士宮口五合目は標高 2380 m 近くある。ほぼ森林限界に達しており、ここから上はカラマツなどの低木が点在している程度である。なお体調によってはこの標高でも高山病になることがある。息苦しさや倦怠感、頭痛などを感じたら、ただちに下山すること。

富士宮口五合目からは、山頂へ向かう富士宮口登山道を歩き始める。登山道は最初からやや傾斜がきつい。風景や地質・植物を観察しながら、歩幅を小さくしてゆっくり歩くとよい。天気がよい時は、南側の駿河湾や伊豆半島を一望できる。また、立派な裾野を持つ独立峰、愛鷹山も見える。富士山のような円錐形だが、富士山に比べると凸凹が激しい。数十万年前に活動を停止して、噴火による山体の成長が終わって侵食が長期間続いていることからこのような地形になった。富士山の先輩というべきか。火山のお肌のしわは、歴史と風格を物語るものだ。また、スコリア丘が南の山麓に多数見える。片蓋山や、遊園地「ぐりんぱ」がある鑵子山などだ。富士山周辺の広い地図を見ると、富士山の北西側にも大室山や長尾山などのスコリア丘が存在し、富士山の山頂を通る北西〜南東の列の上に、多数の火口跡があることがわかる。宝永火口もほぼこ

❸ 六合目近くの溶岩流の断面（上流に向かって谷の左側）

の列の上にある。このため、真上から見た富士山は円形というよりは、北西〜南東の方向にややのばされたラグビーボールの形をしている。

歩き始めて約30分で、前方に六合目の山小屋が見える。ここで休憩をしたいところだが、その手前に小さな谷があり、噴出物の観察ができる。上流に向かって左側には数mの厚さの溶岩の断面が露出している（写真❸）。これは日沢溶岩と呼ばれる、11世紀頃の噴火で流れた溶岩流である。この谷の上のほうの八合目付近に、割れ目状の縦に長い噴火口ができて流れ出したと考えられている。

溶岩の断面を見ると上部と下部はガサガサで、中間はのっぺりとした岩だ。溶岩流の上面と下面とがガサガサになった溶岩流はアア溶岩と呼ばれている。表面が滑らかな溶岩はこれに対してパホエホエ（パホイホイ）溶岩と呼ばれている。伊豆大島やハワイ島などで、両方の形の溶岩流を見ることができる。

❹ 六合目近くのアグルチネートの断面（上流に向かって谷の右側）

この谷の、上流に向かって右側の谷壁にも、溶岩流の断面が見える（写真❹）。その一部は、赤や黒の、スコリアや礫の地層になっている。礫の一部は、あたかも溶岩になったように見える。これはアグルチネートと呼ばれるもので、火口近くで熱く・厚くたまったマグマのしぶきが、地表に出た後に再度溶けて互

■ 09 富士山 宝永火口 静岡県

❺ 宝永第１火口。右上には宝永山と、その右側に富士山の古い山体の赤い断面が見える

いにくっつき、溶岩流のような岩になったものだ。

　六合目の山小屋からは、山頂に向かう登山道と分かれて、われわれは宝永火口方面へと歩く。六合目から約15分で、やや尾根状の高まりにある登山道の分岐に出る。ここに到達すると、突然、巨大なすり鉢状の凹地の全貌が目の前に広がる（写真❺）。この正面の凹地こそが、300年あまり前に噴火をした現場、宝永火口である。この地点から全貌が見えるのは、一番高い地点にある第１火口である。第１火口の向かいの高まりは、宝永山と呼ばれる。

　今回は宝永第１火口に下りる道を行こう。すぐに溶岩のわきを通過し、あとはスコリアの道をまっすぐ下る。10分もすると火口底に着く。宝永火口は現在でも上部からの落石がしばしば発生している。雄大な景色をおかずにお弁当を食べるときでも、火口の斜面に砂煙が見えたり石の音がしたと思ったら、ただちに避難できる態勢をつくろう。現在地の標高は約2430ｍで、火口の最上部は約3100ｍだ。高低差670ｍ、東京タワーをちょうど縦に２つ積んで入れられる標高差である。このような穴がわずか数日間の噴火でできるの

79

❻ 宝永第1火口の上部に見える岩脈。溶岩やスコリア層の縞々を固く出っ張った岩脈が貫いている

だ。火口壁の上部では、灰色の溶岩の層と赤いスコリアの層がラザニアのように交互に積み重なっている。富士山がくり返し噴火をして溶岩が流れたりスコリアが積もったりした、成長の歴史を見ているのである。よく見ると、この横に広がる縞々を直角に突き抜けて上下にのびる硬い石が見える(写真❻)。特に一番高い火口縁からやや右側によく見える。これは岩脈といって、地下のマグマの通り道でマグマが固まって石になったものである。そのあと宝永噴火で地面がえぐられたため、この石が火口壁に露出した。

　今度は、足元に落ちている石を見てみよう。地面は赤や黒い色をしたスコリアが覆っている。スコリアには小さな穴がたくさんあいていることが多い。これはマグマの中に入っていた気泡の跡だ。周囲には直径が数mもある大石がたくさん落ちている。明るい灰色をしているものが多く、スコリアのような気泡の跡はあまりあいていない。これはおそらく火口壁の上のほうから落石で落ちてきた溶岩だろう。数十cm程度の大きさの石ころの中には、ラグビーボールのような形をしていたり、引きのばされて横に長い縞々の模様を持っている

■09 富士山 宝永火口 静岡県

❼ 火山弾。引きのばされて横長の形をしており、縞模様もつくられている

石がある。これは火山弾だ(写真❼)。その形や模様から、火山弾のでき方を推理してみよう。噴火の時に、火口から上がったマグマのしぶきが、固まりきらないやわらかい状態で空中を放物線を描いて飛ぶ。飛んでいるときに、その自転軸の方向に石が引きのばされたのがラグビーボール状の火山弾だ。表面が揚げ餅のようにひびで割れているものもある。マグマのしぶきの表面が先に固まり、内部がまだ溶けている状態だと、内部からの圧力で先に固まった殻の部分が割られる。イギリスパンなどの表面の割れ方にそっくりなので、このような火山弾を「パン皮状火山弾」と呼ぶ。やわらかいまま地面に着弾した火山弾は、押しつぶされて偏平になることもある。あまりきれいではないがこのようなものは「牛糞状火山弾」と呼ばれている。

　火口底の最も低いところから少し宝永山への道を登ると、火口底にできた赤い小さな丘の、東側の断面を見ることができる(写真❽)。マグマのしぶき(スパター)が積もってできたスパター丘である。宝永噴火は、前述のとおり大変爆発的な噴火であった。噴火の最初は、爆発の威力が強く、軽石やスコリア、

81

❽ 宝永第1火口の底につくられたスパター丘とその断面

　火山灰などの細かい噴出物を大空へ舞い上げた。噴火終盤には爆発力が弱まって、マグマが噴水のようにしぶきを上げる小規模な噴火に移った。このような最後の小規模な噴火で、宝永第1火口の底に小さな丘をつくったのである。火口の地形や中身を見るだけでも、噴火の推移について想像力をふくらませることができる。

　時間がある場合は、1時間ちょっとの行程で宝永山まで登ってもよい。時間がなければ、富士宮口五合目に帰るとしよう。来た道を登って火口縁の分岐点まで戻ったら、左の御殿場口五合目方面に下ろう。往きと違う道を歩いて富士宮口五合目に戻ることができる。まっすぐ来た道を戻ってもよい。最初の下り坂は、傾斜が急で、転びやすいスコリアの斜面なので、ゆっくりと下ろう。左側には第2火口の優美な凹地形が広がる。時々左後方を眺めると、第1火口がすでにだいぶ上にあるのが実感できる。10分くらい下ると、右に行く道がある。この分岐点を過ぎないように注意しよう。ここを右に進むと、森林限界よりやや低い樹林帯の道となる。時々谷地形を通過する。富士山のようなス

■09 富士山 宝永火口 静岡県

コリアに覆われている火山では、雨が降っても谷に水が流れることはあまりなく、たいてい地下に浸みこんでしまう（そのおかげで富士山麓では湧水が出て、製紙が盛んだったり、おいしい食べ物・飲み物を楽しむこともできる）。ではなぜ谷ができるのだろうか？　このような谷は、おもにスラッシュなだれなどと呼ばれる、春先に融けた雪がスコリアの砂礫とともに高速で流れ下るなだれで削られてつくられることが多い。

　分岐から約40分で、富士宮口五合目の駐車場の東端に出る。バス停は登山口のレストハウス近くである。マイカーの人は、ぜひ山麓の温泉で疲れをいやして帰ろう。温泉もまた火山を体で感じる大切な勉強である。

　なお、第2火口の分岐点からまっすぐ下りると、第3火口や、側火口のひとつである二ッ塚などを経て、通称「太郎坊」とも呼ばれる御殿場口五合目まで歩くこともできる。この場合は、帰りのバスの運行日や時刻をあらかじめ入念にチェックしておくこと、特に二ッ塚周辺では道が不明瞭なので見通しが悪い、または悪くなる可能性があるときは、決して無理をしないこと、積乱雲が見えるときは、落雷から身を守るすべがないので、やはり無理をしないことを、十分に気をつけたい。

10 IZU TOBU VOLCANOES　静岡県

伊豆東部火山群 ★☆☆

- 独立単成火山群、スコリア丘、柱状節理
- 大室山・城ヶ崎海岸・小室山
- JR 伊東線・伊豆急行線・バス「伊東」駅 → 小室山 → 大室山 → 城ヶ崎
- 一碧湖(いっぺきこ)

小さな火山をめぐる

　伊豆半島東部とその沖合の相模灘の海底には、日本では数少ない独立単成火山群である伊豆東部火山群が分布している（図1）。

　国内の多くの火山が、火口の位置を大きく変えずに近い場所で噴火をくり返して大きな火山体をつくる複成火山であるのに対し、単独成火山群は、中心となる火口を持たずに1回の噴火ごとに火口の位置を変え、小さな火山をあちこちにつくるという特徴がある。こうした独立単成火山群は、国内の活火山としては、伊豆東部火山群のほか、阿武火山群（山口県）や福江火山群（長崎県）などがある。

　もちろん、伊豆半島内のすべての火山が独立単成火山群というわけではない。

　伊豆半島は、かつて南洋にあった海底火山や火山島が、フィリピン海プレートととも

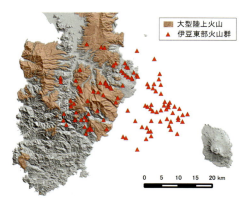

図1　伊豆半島の第四紀火山と伊豆東部火山群

に北上し、約100万年前に本州と衝突してできた半島である。半島となり、その全体が陸地化した伊豆では、その後も火山噴火が続き、天城山や達磨山といった大型の複成火山が活動を続けてきた。独立単成火山群の活動は、約15万年前から始まった。

　JR東海道線「熱海」駅で伊東線に乗り換えて約30分で「伊東」駅に到着する。「伊東」駅周辺は伊東大川の下流の沖積地に位置する温泉街で、たくさんの立ち寄り湯もある。ウォーキングのあとには温泉で汗を流してから帰りたい。伊東の地形を概観すると、山がちで険しい地形の多い伊豆半島の中にありながら、なだらかな地形が広がっている様子がわかる（図2）。伊豆東部火山群の噴火で流れ出した溶岩が谷を埋め立てて、海に面したなだらかな丘状の地形をつくり出した。伊東市の陸域だけでも15以

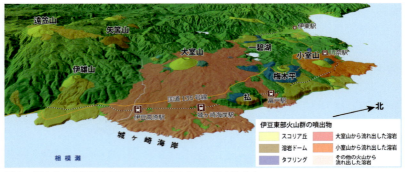

図2 伊東市の鳥瞰図と伊豆東部火山群の火口・噴出物分布

上の火口があり、スコリア丘やマール（一碧湖など）、タフリング（梅木平）、溶岩ドーム（矢筈山など）といった多様な火山地形を生み出している。これらすべての火口を歩くのはとても大変なので、ここでは典型的なスコリア丘である大室山とその周辺地域について紹介したい。

大室山に向かう前に、少し遠回りになるが、時間に余裕がある方は小室山に立ち寄ってほしい。「伊東」駅から「小室山リフト」行きのバスで約25分、または伊豆急線「川奈」駅から徒歩約30分である。小室山は約1万5000年前の噴火でできた底の直径約500m、比高100〜200mのスコリア丘で、バス停から山頂まではリフトが通っている。歩いて登ることも可能で、徒歩約20分で標高322mの山頂に立つことができる。小室山の山頂には、伊東市内の道路工事で現れた地層のはぎとり標本が展示されている（写真❶）。たくさんの火山の集まりである伊豆東部火山群のそれぞれ

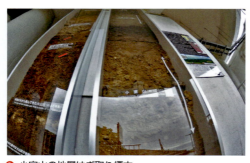

❶ 小室山の地層はぎ取り標本

■ 10 伊豆東部火山群　静岡県

❷ 小室山山頂からの眺め（南方向）

の火口が、どのような順序でどのような噴火をしてきたかは、火山の周りに降り積もった火山灰の重なり方を丹念に追跡していくことで調べられてきた。こうした地層は道路のわきの崖などに露出していることが多いが、火山群の上に街ができているこの地では、なかなか見ることができず、こうした標本を観察することで噴火の様子を実感してほしい。小室山や大室山をはじめとする伊東市内の火山だけでなく、約4万年前の三瓶山（島根県）の噴火による火山灰も観察できる。標本を見学した後は、展望台に上がり、大室山や城ヶ崎海岸など、これから行く観察地点の地形や位置関係などを観察しておこう（写真❷）。また、小室山の周りに広がる溶岩台地も見どころで、溶岩台地がその起伏を活かしたゴルフコースなどに使われている様子も興味深い。

　大室山へは、「伊東」駅から「シャボテン公園」行きのバス約40分、小室山へ立ち寄った方は小室山のリフト乗り場から15分ほど歩いて国道135号沿いにある「伊東商業高校」バス停から乗車して「シャボテン公園」までバスで約20分である。「シャボテン公園」バス停で降りる

❸ 大室山

87

❹ 大室山の山焼き

と目の前が大室山で、すぐにリフト乗り場がわかる（写真❸）。

　大室山は約 4000 年前の噴火でできた、底の直径約 1000 m、比高 150〜250 m の伊豆東部火山群の中でも最大級スコリア丘で、周囲にさえぎるもののないこの山は、相模灘の海上からもよく視認することができるため、かつては漁場を定める際の目印にもなっていた。毎年 2 月の第 2 日曜日に行われる山焼き（写真❹）によって美しい山体が保たれ、スコリア丘全体が国の天然記念物に指定されている。山体や植生の保護のため、山頂へはリフトでのみ登ることができる。小室山のリフトに乗った方は気がつくかもしれないが、小室山と大室山のリフトは同じ

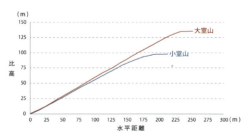

図3　大室山と小室山のリフトに沿った地形断面

■ 10 伊豆東部火山群 静岡県

❺ 大室山山頂からの眺め。上、北方面。下、南方面

くらいの傾斜で山を登る（図3）。スコリア丘をつくるような噴火では、火口から噴き出したスコリアや火山弾が火口の周囲に降り積もって小山を作るが、噴火が続いて小山の斜面が急傾斜で不安定になると、スコリアは斜面を転がって安定した角度（このような角度を安息角といい、スコリア丘では30度程度）に落ち着く。このため多くのスコリア丘は同じような傾斜の直線的な斜面を有するようになる。

　大室山の山頂には深さ40m程度の火口があり、火口縁には一周約1000mのお鉢めぐりの遊歩道や解説板が整備されている。山頂の売店には、地場産品を活かした軽食や飲み物も置いてあるので、小腹を満たしてからお鉢めぐりを楽しみたい。お鉢めぐり遊歩道からの眺望はすばらしく、大室山から流出した溶岩がつくる地形だけでなく、伊豆東部火山群の一碧湖マール（約10万年前）や矢筈山溶岩ドーム（約2700年前）などの多様な火山地形を観察できる（写真❺）。

　大室山の山頂から眼下を見ると「池」と呼ばれる小さな盆地がある。大室山の溶岩流出初期に西側山麓から流れ出した溶岩が河川の出口を塞いでできたせ

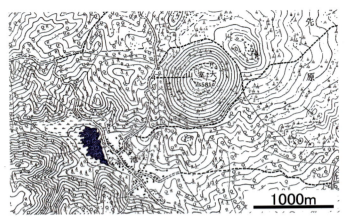

図4 明治31年発行の5万分の1地形図「玖須美」に記載されている「池」のせき止湖

き止湖のなごりである。せき止めによってできた盆地には、明治のはじめに干拓のための排水トンネルが掘られて排水されるまでは湖が残っていた（図4）。伊豆東部火山群の溶岩に広く覆われる伊東市は水はけがよいため水田が少ないが、せき止湖のなごりである池周辺には水田の風景が広がっている。

　大室山の噴火ではスコリアのほか、大室山の麓にある岩室山（シャボテン公

❻ 大室山と城ヶ崎海岸

■ 10 伊豆東部火山群　静岡県

園のある丘）や南麓の森山などから3億8000万トンもの溶岩が流れ出した。この溶岩の一部は相模灘に達し、城ヶ崎海岸をつくった（写真❻）。

　城ヶ崎海岸の海岸沿いには10kmを越える長い遊歩道がある（図5）。大室山を下りて「シャボテン公園」バス停からバスを乗り継ぎ、「城ヶ崎口」「伊豆海洋公園」「伊豆高原駅」のいずれかのバス停で降りると遊歩道が近い。海に面した城ヶ崎海岸はほぼ全面露頭になっており、どこからアクセスしても溶岩流の観察ができ、遊歩道沿いには解説板も設置されている。

　城ヶ崎海岸北部の門脇埼では溶岩の特徴をわかりやすく観察することができる。門脇埼から海岸を眺めると、溶岩の断面が露出している（写真❼）。断面には、溶岩が冷えて固まるときの体積収縮によってできた柱状の割れ目（柱状節理）が観察できる。注意深く見ると、溶岩の上面が赤褐色のトゲトゲした「皮」に覆われているのがわかる。空気に触れている溶岩の表面は、速やかに冷えて固まってしまうが、溶岩の内部はなかなか冷えずに動き続けて表面の固まった部分を壊すため、溶岩の表面はトゲトゲした溶岩の破片で覆われることがある。こうした構造をクリンカーといい、空気中の酸素と溶岩中の鉄分が結びつくため、しばしば赤みをおびる。こうしたクリンカーの様子は「いがいが根」など多くの地点で観察できる。

図5　城ヶ崎海岸の遊歩道

❼ 門脇埼で見られる溶岩の断面

　城ヶ崎海岸南部の「橋立」付近では、柱状節理の断面を観察することができる。橋立つり橋の少し北にある、崖下に続く小道を下ると足元一面が柱状節理になっている。門脇埼では、柱状節理を横方向から見ていたが、ここでは節理を上から観察していることになる。柱状節理の断面が何角形になっているかよく観察してほしい。この磯には、溶岩にできたくぼみに「大淀・小淀」と呼ばれる潮だまり（タイドプール）があり、さまざまな海の生き物を観察することもできる（写真❽）。大淀・小淀へ下る道は、足場が悪いので注意して下ってほしい。対島（たじま）の滝は、大室山の溶岩がせき止めてできた

❽ 大淀・小淀の柱状節理

■ 10　伊豆東部火山群　静岡県

❾ 対島の滝

「池」から水を抜いた水路（対島川）が海に流れこむ場所で、普段は水が少なく滝になっていないことが多いが、雨のあとなどには、溶岩の端から海に落ちる滝を見ることができる（写真❾）。

　城ヶ崎海岸全体の情報は「伊豆高原」駅内に設置された、伊豆半島ジオパークのビジターセンター「ジオテラス伊東」で得ることができる。また、透明度の高い城ヶ崎の海は、人気のダイビングスポットにもなっており、海に流れ込んだ溶岩を海中から観察することもできる。帰りに「伊豆高原」駅を利用する場合には、駅前の足湯も楽しみたい。

　車で移動する場合には、ビジターセンターや観光案内所などで伊豆半島ジオパークの「伊東エリアガイド」や「ドライブマップ：東」を入手し、一碧湖などのほかの火口も見学したい。一碧湖は、大室山や小室山のようなスコリア丘とは異なり、爆発的な噴火でできたくぼみ（マール）に水がたまってできた火口湖で、火口の周囲には、ばらばらになった溶岩の破片や火山弾が積み重なり、スコリア丘をつくる噴火とは異なる激しい爆発の痕跡を見ることができる。

93

11 IZU-OSHIMA 東京都

伊豆大島 ★☆☆

- カルデラ、火砕丘、溶岩流、降下火砕物
- 三原山山頂火口　1986年B火口　各時代の溶岩流
- 東海汽船・バス　岡田または元町港 → バス →
  三原山頂口（御神火茶屋）下車 → 徒歩 → 三原山 → 三原山頂口 → バス
- 1986年C火口、地層大切断面、波浮港、筆島など

三原山をめぐる

　伊豆大島は相模湾に浮かぶ玄武岩質マグマを噴出する活火山であり、過去に何回も活発な噴火をくり返してきた。最新の中規模噴火（噴出量およそ数千万トン）活動である 1986 年噴火では、中央火口丘三原山からの噴火に続いて、カルデラ床およびカルデラ外からの割れ目噴火が起こり、全島民が島外へ約 1 か月間避難するという事態となった（写真❶）。

　現在は差し迫った噴火兆候はないが、地下でのマグマの蓄積を示す山体のわずかな膨張が続いており、次の噴火の準備段階にあると考えられている。過去、噴火の度に山頂の地形は大きく変わってきており、現在見られる火口周辺の地形も次の噴火では大きく変貌するに違いない。伊豆大島の今の姿をしっかりと観察して、昔の噴火の様子、そして将来の噴火について考えてみたい。

　伊豆大島へのアクセスは JR 山手線「浜松町」駅またはゆりかもめ「竹芝」駅で下車し、竹芝桟橋から夜に出発する東海汽船の夜行大型船、または朝と昼

❶ 1986 年伊豆大島噴火三原山 A 火口の溶岩流とストロンボリ式噴火。11 月 15 日に三原山火口から始まった噴火は 19 日昼過ぎに三原山斜面を流れ下った。21 日にはカルデラ内外で割れ目噴火が起こり、全島民島外避難となった

❷ 岡田港に停泊した高速ジェット船（手前）と大型客船。天気がよければ箱根山や富士山も望める

過ぎに出発する高速ジェット船を使うのが最もポピュラーな手段だ。西日本からのアクセスなら東海道新幹線「熱海」駅で降りて熱海港からの高速ジェット船を使う方法もある。高速ジェット船なら竹芝桟橋から最速約1時間45分、熱海発なら約45分で到着するから、意外と近い火山の島なのだ。時期によってはこれら以外の港からも出帆していることもあるので時間や場所など都合がよい出帆港を時刻表から選ぼう。また調布飛行場から定期航空便も就航している。

　到着港は風向きにより島北側の岡田港（写真❷）または西側の元町港になる。早朝に到着する夜行船を使用した場合には、宿や桟橋ターミナル、元町にある御神火温泉などでしっかり休んで体調を整えよう。島内の移動はバスまたはレンタカーになる。バスを使うときは便数が少ないので時刻表を調べて計画的に利用したい。船やバスの時刻表、レンタカー会社、宿などは大島観光協会のwebサイトに紹介されている。

　また伊豆大島はジオパークでもある。ジオパークの紹介パンフレットが入港地桟橋ターミナルで入手できるほか、パンフレットの電子ファイルも伊豆大島

ジオパークホームページでダウンロードできる。事前に手に入れておくと役立つだろう。またさまざまな場所を自然ガイドの方に案内してもらうこともできる。決まったコースだけでなく、歩きたい場所や時間など希望に応じたコースも組んでくれるので相談してみよう。また元町には伊豆大島や伊豆七島の火山、日本や世界の火山の展示がある伊豆大島火山博物館がある。伊豆大島や火山のことを知りたいときぜひ訪れてみたい。

　本書ではカルデラ西縁三原山頂口（御神火茶屋）からの中央火口丘三原山のお鉢めぐりコースを紹介する。

1．カルデラ縁から三原山まで

STOP 1：三原山頂口（御神火茶屋）で下車する。ここでトイレを済ませておこう。食堂などがある一角に向かい、左に折れるとそこには伊豆大島山頂カルデラと中央火口丘三原山の大パノラマが広がっている（写真❸）。この場所がカルデラ縁でそこからカルデラ縁が南北に連なっているのがわかる。目の前にあるのが中央火口丘三原山で、まだあまり植物が生えていない黒く見える溶岩流が一番新しい1986年A溶岩流である。

STOP 2：坂を下ってカルデラの中を三原山に向かって歩いていく。登山道三原山に向かって右側、ヤシャブシなどの植生の下に見え隠れしている溶岩が1951年に噴出した溶岩流。表面がガラガラの溶岩片（クリンカー）で覆われている典型的なアア溶岩だ。しばらく歩くと今度は道の左側に溶岩の小山が見えてくる。1951年溶岩流と異なり、表面が比較的平滑でクリンカーで覆われてい

❸ 御神火茶屋から望む三原山

❹ 安永噴火溶岩。縄状の表面構造がよくわかる

ないパホイホイ溶岩からなる 1777〜78 年安永噴火の溶岩の丘だ。登山道を離れて近寄ってみると、流れたときに表面にしわがよった縄状溶岩も多く見ることができる（写真❹）。さらに歩くと正面に 5 m ほどの厚さの 1986 年 A 溶岩流が見えてくる。こちらもアア溶岩流だ（写真❺）。溶岩の周辺には万が一の急な噴火の時に避難するシェルターや、火山活動の観測施設もある。

STOP 3：ここから先は三原山の斜面を登っていく。道沿いには 1986 年 A 溶岩流や三原山内部の断面が所どころに露出している。アア溶岩流は上下に黒〜赤色のクリンカー、中心部は灰色の溶岩からなることがわかる。1986 年噴火以前の登山道が溶岩流に覆われた断面が見える場所もあるので探してみよう（写真❻）。一方その下の三原山本体はつぶれた餅のような火山弾が積み重なってできている。

　斜面を登りきる最後のカーブには、三原山本体を覆う、細かい層理が発達した火山灰層とそれを覆う 1986 年 A 溶岩流が見える（写真❼）。火山灰層は溶岩流などの大規模なマグマ噴出を伴う噴火のあと、火山灰を大量に放出する爆発的な噴火をくり返す時期の堆積物だ。よく見るとこ

❺ 1986 年 A 溶岩流のつくる崖。まっすぐ続く舗装路は溶岩に覆われた。旧登山道の跡

の火山灰層の上面は1986年溶岩の熱で酸化して赤くなっているのがわかる。振り返ると1986年や1950～51年の溶岩流の地形が見てとれる。今は冷え固まっているが、流れた様子を想像してみよう。天気がよければカルデラ縁の向こうに富士山も見えるはずだ。

2. 三原山火口へ

STOP 4：登りきったところの分岐には大きな溶岩の塊がある。これは1986年噴火で降り積もったスコリアや火山弾の層がいかだのように溶岩に浮かんでここまで流れてきたもの。運ばれる間に回転したのか表面に溶岩の殻が

上❻ 1986年A溶岩流と旧登山道の断面。人物が杖で示しているところに旧登山道断面がある
下❼ 中央やや右の1986年A溶岩流の下、雪が水平に積もっている部分が火山灰層。その下は火山弾が積み重なっている

ついていて中は降り積もった火山弾の積み重なりが見えている。ここの分岐を右に折れると三原神社。1951年溶岩の上に立てられた社（やしろ）は、わずかに周辺より高かったために1986年A溶岩に呑み込まれずに済んだ。社の後ろを見てみるといかにギリギリで呑み込まれずに済んだかがわかる。

STOP 5：道を戻って反時計回りに進むとコンクリート製の展望台の建物が見えてくる。その手前の分かれ道を左に進むと、三原山の山頂に縦穴状に開いた火口を望める火口展望台に至る。縦穴状火口の直径は約300m、深さは約200m。1986年噴火の前にも同じくらいの火口が開いていたが、1986

❽ 火口展望台から望む縦穴状火口。火口壁の右半には古い溶岩や火砕物の成層構造が見える。左半には火口内を埋めた 1986 年 A 溶岩が貼り付いている

年 11 月 15 日夕方に火口南壁から始まった溶岩噴泉活動で埋め立てられ、11 月 19 日には火口からあふれ出した溶岩流（1986 年 A 溶岩流）が三原山斜面を流れ下った。しかし 1 年後の 1987 年 11 月 16 日から 18 日にかけて、爆発とともに陥没し、噴火前とほぼ同じ場所に火口が再生された（写真❽）。縦穴状火口の断面最上部には 1986 年 A 溶岩流の断面が見えている。周辺を覆っている溶岩片、岩塊は、黒っぽいものが 1986 年に噴出したマグマのしぶき、白っぽいものは溶岩の湖でゆっくり冷えた岩石が 1987 年の爆発で噴出したものだ。火口展望台周辺には白い水蒸気の噴気も見ることができる。

3. お鉢めぐり

次は展望台まで戻り、反時計回りに三原山を一周しよう。1986 年 A 溶岩を遊歩道が横切る。ごつごつした表面はさ

❾ 富士山と 1986 年 A 溶岩流がつくる奇妙な構造。某怪獣の横顔にそっくりだ

■ 11　伊豆大島　東京都

❿ 1951 年溶岩のホーニト。ホーニトがほぼ完全な状態で残っているのは珍しい

まざまな形をしていて、中にはいろいろな動物などに見立てられるものもある。いろいろと自分だけの見立てをしてみるのも楽しい（写真❾）。

STOP 6：しばらく歩くと溶岩流の様子が変わって、安永溶岩と同じような縄状の模様や歯磨き粉を押し出したようなかたちの溶岩が目立つようになる。これはもう 1 つ前の中規模噴火である 1950〜51 年溶岩だ。この溶岩流は三原山斜面まではクリンカーがないパホイホイ溶岩だが、流れ下ったカルデラ床では最初に見たようにクリンカーに覆われたアア溶岩に変わる。遊歩道の右手に三角形の小さな溶岩の小山が見えてくる（写真❿）。これはホーニトといって、溶岩流が流れるときに表面が割れてそこから溶岩が噴き出してできた溶岩の塚だ。溶岩表面は流れたときにしわが寄った模様がよくわかる。ホーニトの一部が崩れて中がのぞけるが、そこは空洞の溶岩トンネルになっていて底は見えない。落ちないように注意しよう。この先遊歩道が次第に登りはじめ、海側にほかの火山島が見えてくる。右寄りに利島、新島、神津島が、正面遠くには三宅島、さらにその後ろに御蔵島が、天気がよければ見えるだろう。また

⓫ 縦穴状火口壁。カクテルグラスのようなかたちの白い岩石は、溶岩を供給した供給岩脈と溶岩湖の断面。右側にも小さな岩脈と溶岩流断面が見える

カルデラの外輪山の続きも観察しよう。

STOP 7：三原山南側の1986年噴火の火山弾や1987年噴火の噴石が降り積もった斜面を登りきったところで火口展望台と反対側から縦穴状火口を眺めることができる。もう少し先まで歩くと逆光で見えにくいが縦穴状火口の南壁に溶岩を供給した岩脈や溶岩湖の断面が見える（写真⓫）。

　三原山の東には黒々とした裏砂漠が広がっている。表面が噴火で積もったスコリアや風や大雨で流されてきた砂で覆われ、さらには火口から放出される火山ガスの影響もあって、植物が育ちにくく、裸地が広がっているわけである。しかし1990年代早々に火山ガスの放出が終わってから20年以上経つため、ぽつぽつと植物のコロニーができはじめている。

■ 11 伊豆大島　東京都

❶ 1986年B火口とB溶岩流。割れ目噴火はカルデラ床で始まり、北西と南東方向にのびた。溶岩流には流れたあとの溶岩しわや溶岩堤防がよくわかる

STOP 8：遊歩道をさらに進むと、1986年B火口が見えてくる。1986年噴火では噴火開始6日後の11月21日午後4時15分、三原山の北西カルデラ床から割れ目噴火が始まった。割れ目は北西〜南東方向にのび、南東側へは三原山の北側、剣が峰付近まで達し、火口がいくつかつくられた。以前より浅くなっているが、それでも大きな火口はかなりの迫力だ。火口の向こうにはカルデラ床に広がった1986年B溶岩流も見える（写真❶）。カルデラの中の1986年B割れ目火口も、カルデラ外につくられた1986年C割れ目火口も北西〜南東方向にのびている。伊豆大島での割れ目火口は1986年噴火に限らず、北西〜南東方向にのびているものが多い。これは周辺のプレートの動きでこの方向に押され、直交する北東〜南西方向に引っ張られるように力がかかっているためと考えられている。

　遊歩道を下ったところをまっすぐ進むと**STOP 4**へ戻る道、右に曲がると1986年B火口を横切り裏砂漠に下りる道との分岐がある。時間があれば裏砂漠に向かい、1986年B溶岩流や安永溶岩など古い溶岩とその上の植物遷移を観察するのも面白い。ただ裏砂漠は目標物に乏しく悪天候などで道に迷いやすいこともあるので、できれば現地の自然ガイドさんとともに説明を受けながら歩くことをおすすめする。また伊豆大島にはここに紹介した以外に、1986年C割れ目火口や地層大切断面、波浮港、筆島など見どころも多い。時間と興味に合わせてぜひ訪れてみてほしい。

12　MIYAKEJIMA　東京都

三宅島 ★☆☆

▲	爆裂火口、スコリア丘
🔍	三七山、三池爆裂火口、ひょうたん山
🚶	東海汽船・バス　三池港 → 徒歩 → 三七山園地　バス
👀	シイトリ神社、サタドー岬、三七山園地、火の山峠

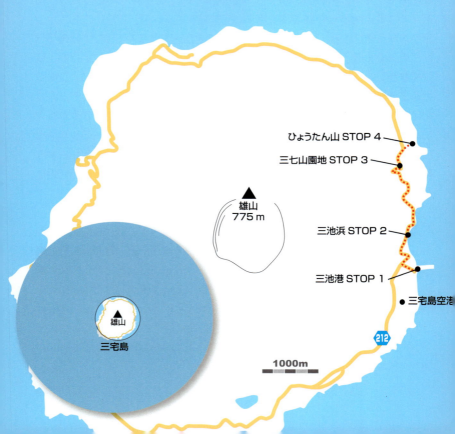

日本一標高の低い火口をめぐる

　三宅島は、玄武岩質の火山岩が多いため、海岸近くに露出する溶岩やビーチの砂礫は、灰色や黒色である。日本でも珍しいこの黒いビーチでは、夏は海水浴やスキューバダイビングが楽しめる。一方、山を見ると、夏にはうっそうとした緑と枯れた木々のコントラストを観察できる。さらに三宅島は「バードアイランド」とも呼ばれ、世界各地からバードウォッチャーが集まる自然豊かな島でもある。さらに視線を上げて山頂部を見やると、白い噴気が立ち上る。2000年噴火では、世界で初めてカルデラが形成される様子が観測された（写真❶）。

❶ 山頂の様子（立入禁止区域）

　三宅島は20世紀には4回の噴火をし、2000年噴火後は世界でも例を見ない大量の火山ガスの噴出により全島避難がなされ、島民は約4年半もの間、帰島することができなかった。この火山ガスは、島の多くの植生を枯らした。2014年現在も、島で卓越する風向きを反映させ、島の東部や南西部は枯死した木々が残り、一種独特の景観を見せる（写真❷）。

　ここで、火山ガスに関する諸注意をいくつか紹介する。2000年噴火後の強烈な火山ガスの噴出はずいぶんと減少し、それに伴い観光客へのガスマスクの常時携帯の義務づけも緩和された。温泉地同様、喘息などで火山ガスの影響が心配な方は、三宅島観光協会でガスマスクを購入することもできる。他に、火山ガスの濃度が一時的に高まったエリアでは、火山ガスの濃度を示すランプがその

❷ 火山ガスにより枯死した木々

❸ 東海汽船から見たレインボーブリッジの夜景

状況を教えてくれるなど、安全対策が進んだ地域であるが、島に訪れる際は、三宅村役場や三宅島観光協会のホームページにある「来島時の諸注意」などを確認するとよい。

　三宅島へのアクセスは、船か飛行機であるが、本書では船でのアクセスについて紹介する。JR山手線「浜松町」駅を下車し、竹芝桟橋から22時過ぎの東海汽船に乗船する。航行中はまず、レインボーブリッジなどのイルミネーションを東京湾で楽しんだ後（写真❸）、船中で一眠りすれば、翌早朝には海に囲まれた火山島、三宅島に到着する。

　到着する港は、島の西部の阿古港・東部の三池港・北西部の伊ケ谷港のいずれかである。その日の風や潮の状況で到着港が決まる。早朝に到着するため、宿泊する民宿などの車の送迎がある。体調管理のために、チェックインした民宿などで、朝寝と朝食を済ませてから、準備を整えてウォーキングに出発するとよい。

　移動は島内の周回バスもあるが、本数が少ない。本書で紹介する地域以外を回る場合はレンタカーをおすすめする。バスを利用する場合は、三宅村役場のホームページにある時刻表を確認し、計画的な移動が必要である。2016年現在では、朝7時から夕方17時までに各5本程度のバスが左回り・右回りで周回している。

　本書では、バス移動のコースを紹介する。

　宿泊施設の近傍にあるバス停からバスに乗り、三池港の前の「三池」バス停で下車する。三池港周辺は、以前の三宅村役場があった場所である。火山ガスの影響で、白化した木々や、腐食した鉄が目につく。

❹ 三池港にある9世紀の火山堆積物

106

■ 12 三宅島　東京都

❺ 凸地形の雄山（ピーク）と凹地形の三池の 9 世紀噴火でできた火口（右下）

STOP 1：三池港のほうに歩くと、道路のわきには火山噴出物の露頭が観察できる（写真❹）。これは、9 世紀の噴火で堆積した火山噴出物で、縞々の地層が特徴である。よく観察すると、大きな石ころ（噴石と呼ぶ）が地面に突き刺さった様子（bomb sag：ボムサグ）が観察できる。突き刺さった方向から、噴石が飛んできた方向を推測することができる。

では、どこから飛来してきたのか。港の待合所から島の北側を見ると三池浜があり、その奥にはお碗状の地形が 3 つ並んでいる。じつは、これが 9 世紀に噴火した火口である。三宅島の海岸部では、地下の浅いところに地下水や海水が存在することが多い。そこに、地下深くから上昇してきたマグマが上昇して水と触れると、マグマ水蒸気爆発と呼ばれる爆発的な噴火が起きやすい（写真❺）。このときに形成されるお碗型の火口を「爆裂火口」と呼ぶ。三宅島では山頂からの噴火だけでなく、山腹部には、山頂付近から海に向かって放射状に火口が一列に並ぶ山腹割れ目噴火が頻繁に発生しており、地形図では多くの山腹火口が識別できる。

港の待合所あたりから三池の爆裂火口の方に少しずつ目を向けると、最初に観察した縞々の火山噴出物の層厚が次第に厚くなる様子が観察できる。これは、噴火でえぐられた爆裂火口の分だけ、周辺にその土砂がたまったため、火口に近いところほど、この縞々の地層は厚く堆積している。

港の待合所から、三池浜に向かって歩く。アップダウンを経るときは、まさに爆裂火口の縁を横切るときである。途中、コンクリートなどでまかれている

崖には、大きな岩の形が見てとれる。これらも噴火時に飛んできた大きな噴石である。15分ほど歩くと、**STOP 2**：三池浜に至る。

　三池浜自体は、しばしばグリーンサンドビーチと呼ばれる。これは玄武岩に含まれる橄欖石(かんらんせき)というオリーブ色をした鉱物が多量に含まれるからである。探して観察することはできるが、国立公園であるため、岩石や鉱物の採取は禁止されている。三池浜を背に山側を見ると、先ほどの3つの爆裂火口がとてつもない大きさで眼前に横たわる。所どころに植生が剥がれて、崩れたような場所が観察できる。ここでも縞々の地層が観察できるが、先ほどの縞々とは異なり、9世紀より前にくり返された噴火で堆積した溶岩流や火山灰などが観察できる。1枚1枚の溶岩流が、それぞれ1回の噴火に対応する。三宅島は、何度も噴火がくり返されて形成された島であることがよくわかる。

　ここでは、砂防ダムも観察できる。2000年噴火では、とても細粒な火山灰が堆積したため、降雨の際に、たびたび泥流が発生した。泥流は大地を削り、過去の噴火の記録をわれわれに見せてくれる反面、崩れて流された土砂は家屋や道路を壊したり埋めたりする。これらを防ぐために、三宅島では島中に多様な形状の砂防ダムが建設された。島を回る際は、地形に合わせて建設した多様な砂防ダムを観察することができる。

　次に、30分ほど都道に沿って北側に徒歩で移動すると、**STOP 3**：三七山園地に到着する（写真❻）。三七山は1962年の噴火で形成された火山である（写真❼）。黒い石ころ（スコリア）が積み重なって形成されたことが、その様子から推測される。このような山をスコリア丘と呼ぶ。三七山園地にはトイレ

上❻ 三七山園地（1962年の噴火跡）
下❼ 三七山園地から見たひょうたん山（1940年の噴火跡）

があるので、ここでトイレ休憩をとるとよい。ここでもジオ看板があるので、解説を読みながら三七山とひょうたん山を楽しむことができる。

三七山園地から海の方を見下ろすと、小さな火山がある。

❽ ひょうたん山の火口を歩く

1940年に噴火したスコリア丘である（写真❽）。かつてはひょうたんのように2つの山があったため、ひょうたん山と呼ばれた。噴火後の台風や波蝕をうけて、今は1つの円錐形をした火山が観察される。

坂を下ると、日本一標高が低い所にあるスコリア丘といって過言ではない、**STOP 4**：ひょうたん山に到着する。簡単に火口まで登ることができるが、足元のスコリアで足がとられやすいので、注意する必要がある。火口内や火口縁を散策すると、マグマのしぶきが冷えて固まった大きな火山弾（紡錘状の岩石）や、赤いスコリアが観察できる。赤いスコリアは、マグマに含まれる鉄分が酸化して赤くなったものである。さらにスコリアや火山弾をよく観察すると、1cm以上の無色透明の大きな鉱物が含まれていることもわかる。これは斜長石と呼ばれる鉱物で、地下深部で冷えて固まったものが、噴火により地表に運ばれたものである。大変高価なダイヤモンドも同様の仕組みで、噴火により地表まで運ばれる。

帰りは、「三七山」駅のそばにある「赤場暁」または、「椎取神社」のバス停から民宿に戻ることができる。

車で回る場合は、観光協会やアカコッコ館と呼ばれる自然観察施設などで手に入るジオサイトマップを持ち、ほかの火口も楽しむことができる。三宅島では、今回紹介した凹地形の爆裂火口や凸地形のスコリア丘が海岸沿いや山腹で、たくさん観察することができる。三宅島は若い火山で地形がはっきりしているため、本書を見てからであれば、火山学者のように、どこに火山があるか、そのときの噴火がどのようなものをイメージして楽しむことができる。

13　KUSATSU SHIRANESAN　群馬県・長野県

草津白根山 ★☆☆

- 火口、噴気、火口湖、火砕丘、溶岩流、溶岩堤防、偽火口、火砕流台地
- 草津白根山山頂周辺、殺生河原、国道最高点
- 草津温泉街 → 殺生河原（STOP 1）→
  入道沢上の駐車場（STOP 2、自家用車のみ）→
  山頂周辺の散策（STOP 3）→ 国道最高点（STOP 4、自家用車のみ）
- 草津温泉、万座温泉、芳ヶ平、本白根山、志賀高原、軽井沢、浅間山

■ 13　草津白根山　群馬県・長野県

活火山の恵みを感じることができる山

　草津白根山は、草津温泉や万座温泉などの人気観光スポットがあることで有名である。一方、山頂火口にはエメラルドブルーに輝く美しい火口湖・湯釜が静かに水をたたえ、周辺の白く変質した地表面と、青空とのコントラストが訪れる者を魅了する。これらはすべて、草津白根山が生きている活火山であることの証であり、火山の恵みそのものでもある。しかし、温泉があまりにも有名なためか、草津白根山が活火山であることは、あまり知られていない。そこで本書では、気軽に散歩が楽しめる範囲に限定して、生きている火山を実感できる見学スポットを紹介する。

　草津温泉街から草津白根山山頂付近（標高 2100m 前後）へは、自家用車を使えば 30 分程度で行くことができる。車を運転しない方でも、温泉街を発着するバスや、殺生河原と山頂とを結ぶ白根火山ロープウェイに乗れば、爽やかな高原の雰囲気をゆっくりと味わいつつ山頂付近へと到達できる。

　このように、草津白根山は活火山を気軽に楽しむにはうってつけの山である。春には希少な高山植物の花々を、夏にはひんやりとした高原の空気を、そして秋には青空へ鮮やかに映える紅葉を楽しみながら、そしてウォーキングのあとは温泉につかるのもよいだろう。

（注）平成 26 年、群発地震とともに湯釜地下浅部が膨張する地殻変動が草津白根山で観測された。これまでに噴火などは発生していないが、草津町により、国道 292 号線の車両通行制限や、湯釜から半径 1km 以内への歩行者の立ち入り禁止などの措置が実施されている。このため、本項 **STOP 3** で紹介したすべてが利用できない（平成 28 年 8 月現在）。これら規制内容は火山活動に応じて変更されるので、草津町のホームページなどをよく確認してから出かけること。

STOP 1：殺生河原（自家用車または路線バス）

　温泉街を離れて車で国道 292 号線を 15 分ほど進むと、森林帯を抜けて視

111

❶ 武具脱の池

界が開け、右手に白根火山ロープウェイ山麓駅が見えてくる。無料の広い駐車場を利用できるほか、路線バスの停留所もある。冬季はスキー場として賑わう。ここからロープウェイを使えば、一気に山上へアクセスすることも可能である。ただし、営業期間および時間に注意が必要である。運行状況をホームページなどで事前に確認しておくとよい。

1A　武具脱の池

　駐車場から東へ500 m付近にある窪地は、春にはシャクナゲで有名な湿地となっている（写真❶）。この地形は、約5000年前に本白根山付近から流れ下ってきた灼熱の溶岩が、当時、ここに存在した河川水に触れて水蒸気爆発が発生したことで形成されたらしい。このような窪地は、通常の噴火口と区別して、偽火口・二次爆発口などと呼ばれる。武具脱の池は、周囲の高台から観察できるほか、窪地の中には散策路も整備されている。

■ 13 草津白根山　群馬県・長野県

❷ 殺生河原

1B　殺生溶岩流

　駐車場から横断歩道を渡り、車に十分注意しながら国道292号線を山方向へ150mほど歩くと、左手に登山道への入口が見える。この小道を下りると、白っぽく変質した岩石の隙間から噴き出す火山ガスとともに、黒くてゴツゴツとした巨大な岩の塊が目に入ってくる（写真❷）。これらの黒い岩石は、今から約5000年前に本白根山付近から流下してきた溶岩流である。この溶岩流は、堤のような、1km以上も続く高まりに縁どられている。これは溶岩堤防と呼ばれ、溶岩流が冷え固まりながら流れるときにつくられた自然の地形であり、ここでは極めて明瞭に観察できる。殺生溶岩流は、ここからさらに東方向へ約2km流下して、現在の草津温泉街の目前という絶妙な位置で停止した。

　観察地点付近は硫化水素が噴出している。気分が悪くなったり、町が設置しているガス濃度警告ブザーが鳴ったりしたら、ただちにその場を立ち去ろう。

113

STOP 2：入道沢上（標高 1774 m 地点）（自家用車のみ）

　車を 10 台ほど止められる駐車場があるが、バス停はない。深い谷の向こうには、火山の断面を構成する溶岩流と火山灰などの互層を望むことができる。入道沢は崩壊によって形成された谷だが、その直後にこの付近で大規模な噴火が発生して、矢沢原火砕流（**STOP 3E を参照**）が現在の草津高原ゴルフ場付近へ流下した。

　駐車場のすぐ横には気象庁青葉山観測点観測点の建屋がある。ここから深さ 95 m の地中に地震計などの観測装置が設置されており、データは気象庁へ常時伝送されることで、火山活動が遠隔監視されている。

STOP 3；草津白根山レストハウス周辺（自家用車、路線バスまたはロープウェイ）

　草津白根山観光の中心的存在であり、草津温泉街からは路線バスで約 30 分ほどで到着できる。自家用車の場合は有料駐車場に車を止める。殺生河原まで車かバスで行き、さらにロープウェイに乗り換える方法もある。ただしロープ

❸ 明治 35 年火口と弓池

ウェイは運行休止日があるので、事前に確認しておこう。草津白根山レストハウス周辺には公共トイレも整備されており、レストハウス内では食事のほか、当地のお土産を買い求めることができる。ゴールデンウィークやお盆の時期は大変混雑する。

❹ 明治 35 年噴火（東京大学地震研究所所蔵資料を改変）Tsuya(1933), Fig. 10

3A　自然公園財団草津支部

屋内展示スペースを有し、高山植物や動物に加えて、火山に関する展示パネルもある。自然解説員が常駐しており、彼らに直接質問してもよい。自然観察会などのイベントが頻繁に開催されるので、事前に彼らのホームページを確認しておくとよい。

3B　明治 35 年火口と逢ノ峰

弓池（写真❸）のほとり、国道 292 号線のすぐそばにある直径約 30 m の窪地は、明治 35 年（1902 年）に発生した水蒸気爆発の火口である（写真❹）。このときの噴火では、万座温泉に 3 cm の降灰があったと記録されている。隣の弓池も、爆発火口に水がたまったマールと呼ばれる地形であるが、形成年代は調査中である。

傍らにそびえる比高 100 m 余りの丘、逢ノ峰も火山である。形成年代は調査中だが、湯釜を有する白根火砕丘と比較しても、そう古くはないだろう。逢ノ峰にも遊歩道が整備されており、山頂には休憩所が設けられている。山頂へ登る途中、右手に存在する直径 30 m 程度の小さな側噴火口の存在に、気づくことができるだろうか。山頂からは白根火砕丘や万座温泉を一望できるが、地形的に湯釜は見えない。

❺ 湯釜火口湖

3C 湯釜展望所

 ややきつい坂道であるが、舗装された遊歩道を 20 分ほど歩くと、展望所から湯釜を望むことができる（写真❺）。湯釜火口湖の直径は約 300 m、平均水深 17 m、湖の面積は約 7.4 万 m² で、東京ドーム建築面積の約 1.5 倍ある。水温はほとんど常に気温よりも高く、夏の水温は最高 30℃、冬は 0℃前後である。湖底の火山ガス湧出口には溶けた硫黄などがたまっており、その部分の温度は 116℃前後ある。湖水の pH は 1.2 前後で、草津温泉（pH1.6 〜 2.2）よりもさらに強い酸性を呈している。魚はもちろん昆虫類が生きていけない環境であるが、湖水の硫黄成分をエネルギー源とするバクテリア（硫黄酸化細菌）が確認されている。

 湯釜のエメラルドブルーは、湖水中を浮遊する硫黄の微粒子に、太陽や青空から届く光が散乱されることで生じると考えられている。このため、その日の天気によっても、湯釜の色はかなり違って見える。

 湯釜の歴史は、意外と浅い。明治 15 年（1882 年）以前の火山活動は静穏で、周辺には木が生い茂っていたといわれている。当時は現在のような湯釜は存在せず、湯釜火口内の北東部に酸性の冷水がたまり、この池のほとりで

■ 13 草津白根山　群馬県・長野県

❻ 昭和17年（1942年）噴火（東京大学地震研究所所蔵資料）Minakami et al. (1943), Fig. 26

は、硫黄採掘が盛んに行われていた。明治15年以降の噴火活動によって火口周辺の植生は破壊され、現在のような荒涼とした景色に一変するとともに、湯釜が誕生したのである（写真❻）。

　美しい湯釜が存在するのは、湖底から火山ガスや熱水がわき出ているためである。すなわち、火山活動が鎮静化すれば、現在のような湯釜は消滅する。豊富な湯量を誇る草津温泉と同じく、湯釜は火山の恵みそのものである。

　なお、湯釜や芳ヶ平湿原などを含む本地域一帯は、平成27年にラムサール登録湿地となった。これら湿原や独特の植生が、火山活動の影響を強く受けた結果として形成、維持されている点が、大変ユニークである。

（注）利用可能な湯釜展望所は、火山活動に応じて変更される。湯釜を最も近くから眺めることができる3C（写真❺）は、平成21年（2009年）以降は利用できず、3C'が使用されていた。しかし、この3C'も平成26年（2014年）6月には利用中止となり、湯釜を観察できる展望所はすべて閉鎖されている（平成28年8月現在）。これら立入規制は火山活動に応じて変更されるため、最新の情報を草津町のホームページなどから入手してほしい。

3D　火口列

　レストハウスから芳ヶ平へと向かう遊歩道を歩いてみよう。約100m歩

117

くと、道が不自然に左に折れ曲がり、そこには直径10m程度の小さな池がある。これは爆裂火口に雨水がたまったものである。草津白根山では、大正から昭和初期に湯釜火口の外側で山腹割れ目噴火がくり返され、昭和17年（1942年）までに現在観察できるような火口列が形成された。山側をよく観察すれば、ほかにも火口地形をいくつか見つけることができる（写真❼）。

なお、この遊歩道の下には東京工業大学草津白根火山観測所が埋設した光ファイバーケーブルが張りめぐらされており、地震計のデータや監視カメラの映像が伝送されている。

3E 地形観察

さらに10分ほど歩き、御巣鷹山と呼ばれる高まりを登っていくと、ごつごつとした褐色の溶岩の上に、白根明神がまつられている。この付近から、眼下に雄大な火山地形を望むことができる（写真❽）。右手前の小山は青葉山溶岩流である。入道沢の深くえぐれた谷の出口には、この入道沢から噴出した矢沢

❼ 草津白根山レストハウス周辺の空中写真

原火砕流が形成した平坦地があり、山間部にもかかわらずゴルフ場が整備されている。このほか、草津白根山の東山麓に広く分布している緩傾斜地のほとんどは火砕流台地で、温泉街が発達する下地となった。一方で嬬恋村では、水はけのよい緩傾斜地をなす火砕流大地がキャベツの一大産地になっている。すなわち、平坦な地形そのものが火山の恵みである。この火砕流は、中之条町六合地区の模式地名にちなんで太子火砕流と呼ばれている。

　天気がよければ、はるか彼方に、活火山である赤城山や榛名山のデコボコとした頂を望むことができる。

3F　荒涼とした火山風景

　さらに芳ヶ平方面へ向けて遊歩道を20分ほど歩くと、立ち枯れた樹木を見かけるようになる。この付近はかつて森林であったが、明治15年（1882年）以降の噴火活動で火山灰が厚く堆積し、植生が破壊されたのである。やがて、左手には水釜溶岩ドーム（写真❾）が見えてくる。硫化水素を噴出する噴気地

❽ 御巣鷹山から望む入道沢と火砕流台地

帯を過ぎて下り坂になると、間もなく芳ヶ平湿原である。適当なところでレストハウス方面へ引き返そう。往復で2時間程度かかるが、ほとんど平坦地なので、天気がよければ快適なトレッキングコースである。ただし6月頃まで残雪による歩行困難に注意が必要である。

　遊歩道沿いで、太陽電池パネルを載せた小屋を何軒か見かけるだろう。これらは東京工業大学草津白根火山観測所や気象庁が設置した火山観測設備であり、無線LANなどを用いて、地震データなどを山麓へ常時送信している。

STOP 4　渋峠（自家用車のみ）

　標高2172mの国道最高点は、駐車場が整備された展望所となっており、草津白根山の北側斜面を一望できる（写真❿）。白煙を上げているのは、昭和7年（1942年）に形成された割れ目噴火口列である。左手には、崩壊谷の中に芳ヶ平湿原が広がっている。本白根山の向こうには、噴煙を上げる浅間山を望むことができる。夜間にここを訪れると、視線下方には草津温泉街の明かりが、そして広い空にはたくさんの星が瞬く。

❾ 水釜溶岩ドームと火山観測設備

諸注意

　最後に、草津白根山へトレッキングに出かける際の諸注意を挙げておこう。山頂付近の **STOP 3** や **4** は標高 2000 m を超え、真夏でも長袖が必要な日が珍しくない。急に風が吹いてきたり、濃い霧にまかれたりする場合もあるので、天気予報を過信せず、防寒着や雨具を準備しておこう。また、冬の草津は深い雪に閉ざされ、毎年 11 月中旬から 4 月までの半年間、山頂周辺へと至る国道 292 号線は閉鎖される。山頂周辺の雪解けはゴールデンウィーク以降の年が多く、梅雨が明けても、夏は濃霧や夕立が続く年も多い。つまり、火山観察に適した時期は 5 月下旬の梅雨入り前または 10 月といえる。

　また、草津白根山では有毒な火山ガスが各所で噴出している。これに対して、草津白根山系硫化水素ガス安全対策連絡協議会が危険箇所に警告看板や自動警報システムを設置している。これらの注意にしたがい、整備された登山道を歩く限り、特に心配はいらない。しかし、一歩、登山道を外れれば、希少な高山植物を踏み荒らすだけでなく、自身の生命に危険が及ぶこともある。なお草津白根山一円はツキノワグマの生息域でもあり、不意に遭遇することもあるだろう。熊鈴を持ち歩くなど、野生のクマに関する諸注意をよく調べておこう。

❿ 国道最高点駐車場から望む草津白根山

14 ASAMAYAMA 長野県・群馬県

浅間山 ★★★

- 成層火山、馬蹄形カルデラ、火砕丘、溶岩流
- トーミの頭、黒斑山の馬蹄形カルデラ、西前掛火口壁
- 路線バス：佐久平駅（JRバス「高峰温泉駅」行）→ 高峰高原ホテル前下車（バスの運行時間要注意）。
  車：上信越道小諸ICより18km約30分
  車坂峠 → 徒歩 → トーミの頭 → 黒斑山 → Jバンド → 前掛山
- 高峰高原

標高2400mの絶景トレッキング

　浅間山は、日本を代表する活火山の1つで、2004年や2009年の噴火も記憶に新しいところだろう。浅間山は、40万年ほどの噴火の歴史を持つ「烏帽子・浅間火山群」の一部である。烏帽子・浅間火山群は東西22km以上の広がりを持つ火山の集合で、東側に新しい火山が多い。広義の「浅間火山」は、本コースの出発点である車坂峠より東方の、黒斑火山、仏岩火山、前掛火山を指す。黒斑火山は約10万年前に活動を開始し、現在活動中なのが前掛火山である。ここでは車坂峠より黒斑山を経て前掛山に至るコースをたどりながら、浅間火山の火山活動の様子を見ていく。

　小諸方面より車坂峠に至るチェリーパークラインでは、ヘアピンカーブの所どころに黒斑火山やより古い火山を構成する溶岩が顔をのぞかせ、烏帽子・浅間火山群が巨大な火山の塊であることを実感させる。車坂峠へ到着する直前の展望台からは眼下に佐久平の広大な景色が広がり、八ヶ岳やアルプスの山並

❶ 車坂峠から見下ろした佐久平。遠景は秩父山地と富士山

❷ トーミの頭付近より見る前掛山

み、天気がよければ、富士山も望める(写真❶)。車坂峠には高峰高原ビジターセンターがあり、情報収集や休憩ができる。火山活動の状況により登山規制が変更されるので、黒斑山登山道入口で浅間火山の噴火警戒レベルの表示を確認する＊。地元自治体のポータルサイト「浅間山倶楽部」を携帯電話のお気に入りにしておくと、登山情報だけでなく、浅間山ライブカメラの映像や火山情報なども確認できて心強い。登山口で入山届に記入・提出したら、いよいよトレッキングへ出発である。登山の装備を整え、雨具や非常食、地図の携行、天候のチェックも忘れずにしたい。なお、このコースは休憩も含めて 8 時間ぐらい要するので、朝は早めの出発がよい。また、このコースはアップダウンが多く体力を消耗するため、できれば高峰高原周辺の宿泊施設に宿をとることをおすすめする。

　まずは表コースで **STOP 1** のトーミの頭を目指す。途中、急傾斜のガレ場もあるので、足元に注意して進む。傾斜がゆるやかになり、避難小屋（シェルター）を通り過ぎてしばらく行くと、突然目の前に前掛山が現れる。絶景ポイ

ントの **STOP 1** に到着である（写真❷）。眼下には「湯の平」が広がり、左手には黒斑山方面の絶壁、右手にはギザギザの牙山（ぎっぱやま）が見渡せる。黒斑火山は今からおよそ2万数千年前に、何らかのきっかけで大規模な山体崩壊を起こした。トーミの頭の足元の崩壊壁の高さは310mに及ぶ。ここでしばし、黒斑火山

❸ 黒斑山付近より見る崩壊壁と火山の内部構造

の崩壊前後の景色を想像してみるのも悪くない。火山はその長い一生の間に、山体崩壊を起こすことがある。1888年の磐梯山や、1980年のセントヘレンズ火山（アメリカ）の山体崩壊の例をご存知の方もあるかもしれない。崩壊前の黒斑火山は、標高2800mに達する富士山型の成層火山だったと考えられているが、その頂部がすっかり失われて、スプーンでえぐりとられたような馬蹄形カルデラになっている。黒斑火山の崩壊のときの土石は山麓へ広がり、吾妻川（あがつま）を下った泥流は群馬県の前橋まで達している。想像を絶する出来事が、2万数千年ほど前にあったのである。一方、眼前に鎮座する前掛山は、馬蹄形カルデラ内に成長した火山で、侵食の少ないのっぺりとした斜面は、新しい火山であることを示している。

　次は、崩壊壁沿いに時計回りに北方の鋸岳を目指す。途中道幅が狭い箇所もあるので、周囲の絶景に見とれて滑落しないよう注意して進む。途中、崩壊壁を見ると黒斑火山の内部構造がよく観察できる（写真❸）。基本的には、溶岩と火砕物（噴火でもたらされた破片状の火山性物質）が積み重なって成層した構造が見られるが、場所により様子が変化する。成層火山の内部構造は単純ではないらしい。標高2404mの黒斑山、その先の蛇骨岳を過ぎてしばらくいくと、「白ゾレ」と呼ばれるところを過ぎる。崖の上部や足元が白っぽくなっていて、かつて黒斑火山が活動していた頃に、火山ガスによって岩石が白色に

❹ 天明噴火の絵図「浅間山夜分大焼之図」
（美斉津洋夫氏提供）

変質したことを物語っている。鋸岳の手前まで来たら、Jバンドと呼ばれる地点で道沿いに湯の平のほうへ下りていく。その前に、前掛山のほうを見上げて、最新の大規模噴火である、江戸時代の天明噴火の痕跡を確認してみたい（写真❺、**STOP 2**）。

天明噴火（1783年）では、5月からの約3か月間に噴火がたびたび起こり、8月4日に最盛期を迎えた。噴煙は成層圏まで達して、おもに火口の南東方向へ広がった。中山道沿いでは降灰の記録が多数残されている。北方へは鬼押出溶岩が流れ出し、現在では有名な観光地となっている。また北麓の鎌原村を飲み込んで吾妻川に突入し、利根川を下って江戸まで到達した「天明泥流」は、1500名もの死者を出した火山災害として知られる。❹は最盛期の噴火の様子が描かれた有名な絵図で、朱色で描かれた噴煙や軽井沢方面へ降る焼石が見える。よく見ると、噴煙の柱の途中から火口付近へシャワーのように焼石が降り注いでいる。このときに、マグマのしぶきが火口の周りに積み重なって火砕丘（釜山）ができたと考えられている。**STOP 2**からは、釜山（写真❺のK）が前掛山（❺のM）の北側斜面にせり出すように成長した様子が見える。写真

❺ Jバンドより見る前掛山（M）と釜山（K）。鬼押出溶岩（O）が見える

■ 14 浅間山 長野県・群馬県

❺は画面左手が北方向であるが、釜山の赤茶けた斜面がそのまま鬼押出溶岩（❺のO）に連続している。**STOP 2** からは鬼押出溶岩が斜面を這い下りる様子が見渡せる。約230年前、鬼押出溶岩がガラガラと音を立てながら前掛山の斜面を流下した様子を想像してみてほしい。

　Jバンドから下る途中で、崖を見る余裕があれば、黒斑火山をつくる岩石を眺めてみたい。こぶし大ぐらいの溶岩の破片が集合した層と、緻密な溶岩の層がくり返していることがわかる。賽の河原を少し歩いたら、前掛山登山口から前掛山の斜面にとりつく。森林限界を超え、荒涼とした岩だらけの斜面を一気に登る。

　STOP 3 につくと、釜山が出迎えてくれる。立ち入り禁止の告知板があり、噴火の時に逃げ込むためのシェルターもある。2004年の噴火時には、シェルターの屋根の一部が噴石で激しくへこんだが（写真❻の矢印）、現在では再建されている。足元は溶岩塊がゴロゴロする月面のような世界で、あたりには数m大の噴石も見つかる。噴石の「爆撃」のすごさを感じざるを得ない、生々しい光景が広がっている。なお、風向きによっては火口からの火山ガスに注意が必要である。目がしょぼしょぼする、あるいは咳きこむときはガスの濃度が高いので、**STOP 3** の周辺には長居しないほうがよい。

　噴火の危険がある釜山の火口周辺は立ち入り禁止のため、ここでは写真をいくつか紹介したい。写真❼は東方の上空から釜山の火口を撮影したものである。直径が約470m、深さが約200mの火口がぽっかりと口を開けている。そのすぐ左手後方には前掛山の火口壁が、さらに後方には、これまでたどってきた黒斑火山の馬蹄形カルデラが見える。釜山の最高点（標高2568m）

❻ **STOP 3** 周辺の景色と火山シェルター

127

❼ 釜山の火口壁。左手に西前掛火口壁、遠景に黒斑火山の馬蹄形カルデラが見える

は、写真の画面手前やや左よりの火口縁上にある。古文書によると、天明噴火の前は、前掛山のほうが釜山よりも高く、その間には「無間の谷」と呼ばれる谷があったという。天明噴火によって釜山が大きく成長したことが、「山1つ吹き出し」といった表現で記されている。噴火前後の山頂部の地形の変化が描かれた絵図もある。写真❼の釜山の火口壁をよく見ると、画面中央やや下に白い噴気が見える。それより上部の、成層構造の見える厚い部分が天明噴火で成長したのである。

❽ 釜山火口内部の様子
（東京大学地震研究所・渡邊篤志氏提供）

写真❽は2009年5月に研究者が撮影した釜山の火

■ 14 浅間山　長野県・群馬県

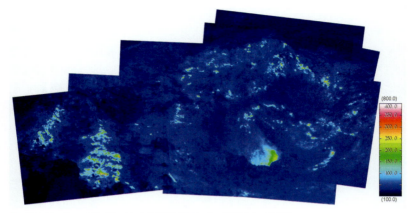

❾ 釜山火口底の赤外画像（東京大学地震研究所・渡邊篤志氏提供）

口内部の様子である。火口内は有毒の火山ガスが充満しているが、火口底には 2004 年噴火時に上昇して火口内を埋めた溶岩があり、さらに 2009 年 2 月の噴火であいた穴が見える。2004 年の溶岩には、火山ガスに由来する硫黄などが付着して白や黄色に見える部分がある。同じ時期に得られた赤外画像❾を観察すると、2009 年噴火であいた穴の内側に高温の火山ガスがあり、周囲の溶岩もガスの影響で温度が高くなっていることがわかる。

　STOP 3 から前掛山の山頂までの間では、地形や地質を観察してみたい。釜山が鎮座する前掛火山の山頂部は、コーヒーカップの受皿のような形の火口原になっており、西側と南東側に縁取り状の高まりがある。前掛山の山頂へ向かう途中で見える崖は西前掛火口壁と呼ばれ（写真❿）、

❿ 北方より見る西前掛火口壁。左手は釜山の斜面

129

地層の積み重なりが観察できる。表層部は最近の噴火によって降ってきた噴石で、その下に天明噴火の噴出物、さらに下位には平安時代の天仁噴火（1108年）の噴出物が顔を出している。天仁噴火の噴出物は、縦に筋がいくつもはいったような顔つきで、「屏風岩」ともいわれる。天明噴火のときに釜山が成長したのと同様に、天仁噴火でも火砕物が積み重なって前掛山が成長した。崖に見える縦の筋は、厚く積もった火砕物が冷える時に収縮して、垂直方向に割れ目が入ったもので、専門用語では「柱状節理」という。天仁噴火では大量のマグマが噴出したために、前掛山の山頂部が陥没して、このような火口原ができたと考えられている。

　前掛山の山頂で折り返し、帰途につく。前掛山の斜面から湯の平にかけては、噴石が地面に当たって大穴をあけた「衝突クレーター」を見つけられるかもしれない。前掛山を下りたら、クマに注意しながらしばらく南下する。湯の平口からトーミの頭へ向かって、草すべりと呼ばれる急坂を登る。湯の平口は、火山館方面への分岐点のため、道を間違えないようにしよう。トーミの頭を過ぎて、中コースをたどると、往路で通った表コースを行くよりは、やや早く車坂峠に戻ることができる。なお、オプションとして、火山館から浅間山荘へ下るルートもある。この場合は、浅間山荘から先、バス停までかなり歩くことになるので、バスの時間も含め、行程を前もってよく検討しておくのがよい。

　時間があれば、車坂峠周辺の高峰高原の散策もおすすめである。高峰高原は、黒斑山、高峰山、水ノ塔山などの火山に囲まれた箱庭のような場所である。車坂峠の西北西約1kmにある高峰温泉方面へ向かうと、途中でスキー場のゲレンデを通過する（**STOP 4**）。進行方向には水ノ塔山や東篭ノ登山といった小型の成層火山が、振り返ると黒斑火山の西側の斜面が見渡せる（写真⓫）。写真の画面右手のスカイラインの凹んだ部分は、黒斑火山の山体を切る断層である。高峰温泉は、含硫黄-カルシウム・ナトリウム・マグネシウム-炭酸水素塩泉で、火山の恵みを実感できる。宿泊者限定の、標高2000mの雲上の野天風呂からは、池の平方面の眺望を楽しめる。池の平は、三方ヶ峰火山の火口跡で、湿原の散策ができる。自然豊かな高峰高原は、高山植物や野鳥、星空の観察、夏の登山に冬のスキーなど、四季を通じて楽しめるところであ

■ 14 浅間山　長野県・群馬県

❶ 西方より見る黒斑火山の斜面と火山体を切る断層

る。カモシカがひょっこり顔を出すかもしれない。

※浅間火山の噴火警戒レベルと登山規制について

　浅間火山の火口から4km以内は警戒区域で、立入禁止であるが、小諸市は、2010年4月17日より、前掛山（火口から500m）までの登山道に限り、自己責任での入山を認める規制緩和を行った。登山口に設置された看板にある登山の注意をよく読み、特に、前掛山より内側の釜山は、噴火警戒レベルによらず、常時、立ち入り禁止であることをよく認識した上で、トレッキングを楽しんでいただきたい。

15 KANNABEYAMA　兵庫県

神鍋山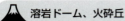

- 溶岩ドーム、火砕丘
- 神鍋山、神鍋溶岩流（稲葉川(いなんばがわ)）、クロボク土の畑
- 全但バスでJR山陰本線「江原」駅から約30分。道の駅神鍋高原 → 徒歩 →
  STOP1：神鍋山（スコリア層 → 風穴 → 噴火口）→ 徒歩 →
  道の駅神鍋高原 → 全但バス → 山宮 → 徒歩 →
  STOP2：神鍋溶岩流（せせらぎ淵 → ネエ滝 → 八反(はったん)の滝）→ 徒歩 →
  STOP3：クロボク土の畑 → 徒歩 → 道の駅神鍋高原
- 十戸（湧水）

近畿で唯一噴火口が残る火山「神鍋山」と火山がつくり出した地形や大地の恵みをめぐる

　近畿地方で最も新しい火山が兵庫県北部にあるのはご存じだろうか。神鍋高原にある神鍋山（写真❶）がそれで、約2万年前の火山活動で噴出したスコリアが噴火口の周りに積もってできた「スコリア丘」である（図1）。神鍋山は、春から秋にかけてはハイキングや山菜採り、パラグライダーなどを楽しむ客でにぎわう。山の半分はスキー場となっており、冬は多くのスキーヤーやスノーボーダーでにぎわう（写真❷）。ここでは、各種スポーツ以外にも火山がつくり出した地形や火山がもたらす恵みを楽しむことができる。

　神鍋山は、京都府、兵庫

❶ 近畿で最も新しい火山「神鍋山」

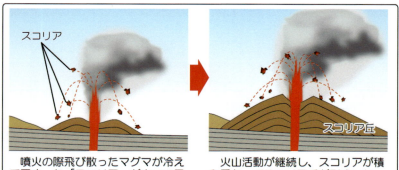

噴火の際飛び散ったマグマが冷えて固まった「スコリア」が火口の周りに降り積もる。

火山活動が継続し、スコリアが積み重なってスコリア丘が形成した。

図1　神鍋山のでき方

❷ 神鍋山のスキー場（神鍋ハイランドホテル中島丈裕氏提供）

県、鳥取県の3府県からなる山陰海岸ジオパークの中核にある神鍋高原に位置する（図2）。神鍋山周辺には神鍋山のほかにも70万年前～2万年前に活動した西気、大机、ブリ、山宮、太田、清滝、と計7つの火山が報告されており、そのどれもが玄武岩からなる単成火山である。神鍋山は最後の火山活動でできたスコリア丘で、山頂には噴火口が現存している（写真❸）。神鍋山の

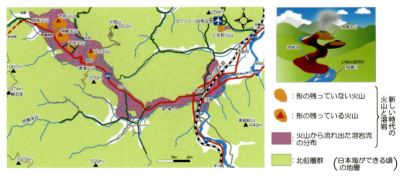

図2　神鍋火山群と溶岩の分布（地質図は兵庫県土木地質図（兵庫県、1996）をもとに編集）

■ 15 神鍋山　兵庫県

❸ 神鍋山頂に残る噴火口

❹ 畳滝（松原撮影）

　北斜面はほぼ 30 度の傾斜を持つ一方、火口から南東麓にかけては傾斜角の緩い地形をなす。これは、南東麓からの溶岩流出による山腹の崩壊によるものと考えられている。神鍋火山起源の溶岩は稲葉川沿いに約 11 km 流下し、円山川左岸まで達している（図 2）。この溶岩は、稲葉川に滝や淵が連続する美しい渓相をつくり上げた（写真❹）。

　スコリアはマグマが発泡してガスが抜けたため、たくさんの穴が開いている。このスコリアが降り積もった「スコリア層」は水をよく通し、降った雨はすぐに地下へ浸透する。この、「水はけのよさ」を利用した農業が神鍋高原では行われている。図 3 に神鍋高原の地質分布と土地利用の関係を示す。神鍋スコリア丘周辺には広くスコリア層が分布し、表土はクロボク土となっている。この水はけのよい土壌は水田には向かず、畑地となっている部分が多い。さらに冷涼な高原の気候もあり、この地域ではキャベツなど高原野菜の栽培が盛んであ

図 3　スコリアの分布と土地利用

❺ クロボク土を利用したキャベツ畑

る（写真❺）。稲葉川の神鍋山より上流部分には平坦な土地が広がり、稲作が行われている。これは、神鍋火山群によりかつての谷がせき止められ土砂が堆積し、稲作に適した低湿地ができたからである。スコリア層にしみ込んだ雨水は地下水となり、下流部で大量に湧き出している。この豊富な湧水を利用して、養鱒業やワサビの栽培が行われている（写真❻）。

神鍋高原へのアクセスは、JR山陰本線「江原」駅から出る路線バスを利用するとよい。広い駐車場や道の駅もあり、車でのアクセスも容易である。現在、神鍋火山や神鍋溶岩流を案内するジオツアーがジオパークガイドによって展開されている（写真❼）。ここでは、実際に行われているジオツアーの様子に沿って見どころを紹介したい。

STOP 1：まず、道の駅神鍋高原を出発し、スコリア丘「神鍋山」に登頂する。頂上にある噴火口にたどり着くまでにはいくつかの見どころがある。最初に現

❻ 湧水を利用したマスの養殖場

❼ 風穴でのガイド風景

136

■ 15 神鍋山 兵庫県

れるのは、神鍋山の断面を見ることができる「スコリア層」だ（写真❽）。スコリアというのはマグマの飛沫が空中で冷えて固まった石のことである。ここではそのスコリアがどのような石で、どのような状況で降り積もっていたのかを想像でき、実際にスコリアを手に取ることで軽さや質感を感じることができる（写真

❽ 神鍋山の断面「スコリア層」

❾）。このスコリアは発泡しながら冷え固まったため、細かな穴が多く、手に持ってみるとあきらかにほかの石よりも軽いことがわかる。その水はけのよい性質を利用し、かつてこの地域ではグラウンドやテニスコートの整備をするためにこのスコリアを掘り出し利用した。この断面はその採集跡である。

次に見ることができる場所は「風穴」だ。洞内は年間を通じて約8℃に保たれ、気温が高い日には入口に立っただけで足元がひやっとするのがわかる。洞内にはガイド付きツアーでのみ入ることができる。風穴のでき方を学びながら、トレッキングで火照った身体をクールダウンしてくれるので、暑い日は特

❾ スコリアと塊状溶岩の比較。左がスコリア、右が玄武岩の塊状溶岩

137

におすすめの場所である。

　ここから標高差 120 m 程度のゆっくりとした登山道が始まる。神鍋山は関西ではスキー場として有名だがそれは東側のみで、この登山道のある西側は雑木林が残されている。これは、地元住民が冬を越すための薪をつくるため守ってきた森で、コナラやホウなどの広葉樹が多く広がり、木漏れ日を感じながら散策することができる。

　登山道を 30 分ほど歩くと山頂に着く。山頂まで続く林を抜けると広い視界と噴火口が広がる。噴火口と聞くと噴気が上がり、ゴツゴツした岩がむき出しになっているのを想像しがちだが、神鍋山は、噴火から 2 万年経った後の姿。すでに噴気は絶え、表面は草に覆われ、大きな穴だけが静かに口を開けている。

　噴火口の大きさは対岸まで最大約 250 m、深さ最大約 50 m、一周約 750 m という大きさ。これは全国的に見れば小さな噴火口なのだが、実際に目の前にすると迫力がある。春には山焼きをされ黒く焦げ、夏には緑に覆われ豊かな自然がやさしく包む。秋にはススキが穂をなびかせスズムシの声がこだまし、冬には雪が降り積もり滑らかな曲線美を見せる。このように、四季を通じて楽しむことができる噴火口なのだ。

　休憩しながら、少し周りの地形を観察してみよう。神鍋高原は「大岡山」「備前山」「大杉山」「三川山」などの 1000 m ほどの山々に囲まれている（写真❶）。その山々の谷間に「神鍋火山」「西気火山」「大机火山」「ブリ山火山」「太田火山」「清滝火山」「山宮火山」と 7 つの火山がある。地球ができて長い年月をかけて風雨に削られてできた大きな谷に、突如マグマが噴き出しその谷を噴出物で埋めてできたのが神鍋高原だ。そんな時空を超えた地形のでき方に思いをはせてみるのも面白い。

　帰りは、東側のスキー場斜面にある歩道に沿って一気に山を下りよう。スタートした道の駅まで 20 分ほどで下山することができる。下山し始めるときの方向とほぼ同じ東南東に向かって、神鍋山から出た溶岩が流れ下っている。

STOP 2：次にそのマグマがつくり出した独特な景観を見ることができる「神鍋溶岩流」へ行ってみよう。神鍋溶岩流は神鍋山から流れ出した溶岩が当時の

谷地形に沿って流れ下ったもので、冷え固まったあとその上をまた川（稲葉川）が流れ、滝や淵が連続する美しい渓相をつくっている。この川の中でも特に面白い見どころ23か所をめぐることができる約2.3kmの遊歩道がある。遊歩道沿いには見どころごとに案内看板が立っているので、見どころの場所がわかりやすい。

⓾ ポットホール

　遊歩道のスタート地点は山宮地区にある「チェーン脱着場」にあるので、最寄りのバス停「山宮（やまのみや）」まで路線バスで移動する。スタート地点に着いてトイレと準備体操を済ませたら、散策を開始しよう。遊歩道に入ってすぐの見どころは「せせらぎ淵」だ。ここは一見多くの石が積み重なっているように見えるが、よく見るとすべてつながった一枚岩なのがわかる。これは、流れ下った溶岩が冷えて固まったものだ。大きな穴がたくさん開いているが、これらは水の力で石ころが転がり、溶岩をえぐってできた自然の造形である（写真⓾）。このような穴を専門用語でポットホール（甌穴）という。よく観察すると、溶岩には神鍋山で見たスコリアほどではないが大小たくさんの穴が開いていることがわかる。この虫食いのような穴は溶岩に含まれていた気泡の跡だ。周辺が国定公園に定まる以前、この神鍋の溶岩は水の力で削られた曲線美とほどよく開いた穴が芸術的だと庭石として人気だったそうだ。

　次の見どころは「ネエ滝」。普段は水が流れ、滝があるのだが、夏になると枯れて滝がなくなる。神鍋溶岩流は厚さ数十cm〜20m程度の溶岩が何枚も重なってできている。溶岩の間には隙間があり、川の水はしばしばそこに染み込んで地下水となり、下流で再び湧き出す。そのため、上流と下流には水があるのに途中部分的に水がなくなってしまうということがある。それが起きて

⓫ 八反の滝

いるのがまさにこの場所である。「ネエ滝」のハッキリした名前の由来はわかっていないが、あるいは「滝があると思って来てみたら無かった。だからそんなところに滝はネエ（ないという表現のなまり）」というところからきているのかもしれない。

渓谷沿いの遊歩道クライマックスは神鍋溶岩流の中でも最も大きく迫力のある「八反の滝」だ（写真⓫）。この滝は高さ24ｍから舞い落ちる水の飛沫も気持ちよいのだが、直径20ｍ程度の大きな滝壺も魅力的だ。固く、削られにくい一方、割れ目などに沿って大きく崩壊することがある溶岩だからこそ、このような断崖絶壁の滝と滝壺が広がった。

この渓谷では、春には山々に降り積もった雪が解け、水量の多い迫力のある滝に会うことができる。夏の暑い日は、渓谷沿いの木陰を歩き、少し疲れたらせせらぎに足を浸して涼をとるのもまたよい。ぜひ、四季の移り変わりを楽しんでいただきたい。

さて、ここで溶岩流探検は終わりにして、道の駅に戻る前にもう1か所立ち寄ろう。

STOP 3：国道482号線に出て、歩道を西に向かって歩く。すると、両わきに畑が現れる。真っ黒でふわふわした土の畑で、キャベツなどが育てられている（写真⓬）。この黒い土は、神鍋火山が噴火した際に出たスコリアや火山灰と枯れた植物などの有機物が混ざってできたものだ。火山灰は有機物とくっつきやすく、結合すると黒くなる。このような土をクロボク土といい、関東平野などにもある。そのクロボク土を使っていろいろな作物がつくられているのだが、特に夏前に収穫されるキャベツがうまい。冬の前に種をまき、ひと冬越し

■ 15 神鍋山 兵庫県

て発芽させ、そこから昼夜の大きな温度差を利用して甘い野菜をつくり上げる。

これで神鍋山周辺の散策は終わりだが、もし時間があればもう1か所立ち寄っていただきたい場所がある。道の駅から5kmほど下ったところにある十戸という地区だ。この周辺では、上流で一度地下に染み込んだ水が大地により濾過され、大量に湧き出している。この湧水は年間を通じて約13℃という一定の温度が保たれている。この豊富できれいな水でつくられたワサビや養殖されたニジマスなども非常に美味しい火山の恵みだ（写真⓭）。

⓬ クロボク土の畑

⓭ 十戸の湧水。ワサビが生える

141

三瓶山 ★★★

- 溶岩ドーム、火砕丘
- 太平山展望所、女三瓶、男三瓶、志学
- 大田市より石見交通バスまたは自家用車にて東の原 → 徒歩 → 東の原
- 志学、西の原、小豆原埋没林

火口がわからない活火山

　三瓶山は、2003年の気象庁による活火山の見直しによって、新しく活火山と認定された中国地方で唯一の活火山である。活火山といっても最新の噴火は約4000年前であるので、山体の大部分が緑に覆われており、生々しい火口の様子などは見ることはできない。しかし、過去の噴火の様子を垣間見ることは可能である。三瓶山ウォーキングを通して、過去の噴火の様子を思いめぐらすお手伝いをさせていただきたい。まず、三瓶山へのアプローチであるが、三瓶山は島根県の中央部に位置している。一番近い町は大田市である。自家用車では、中国自動車道三次東から松江自動車道を経て吉田掛合インターから三瓶に向かうルート（インターから約1時間）や島根県大田市で国道9号線から国道375号線に入り、三瓶に向かうルート（大田市から約1時間）がある。三瓶山への公共の交通機関はバスで、JR山陰本線「大田市」駅から三瓶方面への石見交通三瓶線が利用可能である。ただ、本数は午前3本、午後5本程

❶ 右から男三瓶、子三瓶へと続く稜線が見える

度であるので、登山をする場合は、日帰りは避けたほうがよいかも知れない。三瓶山は、デイサイトと呼ばれるやや粘性の高いマグマの噴出による溶岩ドームと呼ばれる形状の火山である。日本の火山には、富士山のような裾野を長く引いた成層火山といわれるきれいな山体を形成しているものも多くあるが、珪酸塩を多く含むマグマは、マグマの粘性が高いために溶岩として地表を流れることができず、空高く盛り上がって冷えて固まり、急な斜面を持つ険しい山体をつくるのである。登山口は西の原、北の原、東の原、南の三瓶温泉の東西南北どこからでも登ることができる。ここでは、東の原のリフトを使って登ろう。東の原の三瓶観光リフトは4月から11月の間、午前8時30分から午後4時50分まで営業している。リフト乗り場近くには駐車場もある。リフトに乗って10分ほどで標高820m地点に到着する。登山をする時間がない場合は、分岐点から南のほうへ数分登ったところの太平山休息所がおすすめである。眼前には男三瓶や子三瓶の美しい姿や室ノ内を見下ろすことができる（写真❶）。室ノ内の紅葉は絶品である。室ノ内は三瓶山の内部に凹地をつくっているので、爆裂火口とする意見もあるが、男三瓶、女三瓶、子三瓶、孫三瓶がそれぞれ独立した溶岩ドームであるとする意見があり、いまだ決着がついていない。しかし、室ノ内には鳥地獄と呼ばれている少量の二酸化炭素を含む噴気があり、室の内火山活動の名残を残している。

　三瓶山の火山の醍醐味を味わうには、何といっても男三瓶まで登りたい。男三瓶へは、リフトを下りて、リフトの先の分岐を女三瓶のほうへ登る。女三瓶山頂にはテレビ塔が建っている。女三瓶までの山道はよく整備されているので、標高差120mほどであるが、20分もあれば、頂上まで登ることができる。登山道のそばにはレンガ色をし、結晶をたくさん含んだ岩石が露出している。その岩石が溶岩ドームを形成したマグマが冷えて固まったデイサイトと呼ばれる火山岩である。レンガ色をしているのは、マグマが噴出後、冷却するときに周囲の空気と反応して高温状態で酸化したために、赤っぽい色になったのである。女三瓶の山頂まであと一息というところで登山道が分岐する。分岐の一方は、稜線伝いに男三瓶に向かう登山道である。三瓶山は、男三瓶、女三瓶、孫三瓶、子三瓶の4峰が円を描くように丸くつながっているので、

■ 16 三瓶山　島根県

❷ ユートピアの遠景

女三瓶から男三瓶へ向かう登山道はいったん女三瓶を下り、その後再び、男三瓶山頂に向かって登る。男三瓶山頂へ向かう登山道は、所どころ急なところがあるので注意が必要である。軍手や登山靴を着用することが望ましい。標高1000 mを超えてからの後半は、急な斜面が続く。途中、ユートピアと呼ばれるところを通過するが、そこには最新の爆発的な噴火の堆積物が見られる。植生がなく、地肌が見えている（写真❷）。そこの地層は火山灰とさまざまな大きさの火山礫が入り交じっているが、ここの火山礫を調べてみると高温で堆積した火砕流堆積物だということがわかる。なぜなら、火山礫が堆積して冷却するときに、当時の地磁気の方向を記録していることが岩石磁化の測定であきらかになるからである。火砕流という現象は、高温のマグマの破片や火山灰がガスと一体となって斜面を高速で駆け下る現象で、火山災害の中では最も破壊的な現象である。三瓶山の約4000年前の噴火では、火砕流が発生し、三瓶山の四方をとり巻いて堆積している。このユートピアは、標高1000 mを超える高所であるが、ここにも火砕流が堆積しているということは、火砕流はもっと高所で発生し、当時の地表面だった溶岩ドーム表面に堆積したことにな

145

❸ 男三瓶山頂付近

る。

　登山道周辺の急な斜面は溶岩ドームがなせる技である。所どころで、女三瓶の登山道で見かけた岩石とよく似た結晶を多く含む岩石が、登山道に露出している。岩石の色も赤いものと灰色のものと2種類観察できる。赤い色の岩石は、冷却時に空気に触れて酸化したもの、灰色のものは空気に触れずに溶岩ドームの内部でゆっくり冷えたために酸化を受けなかった岩石である。現在は地表面に露出しているが、元々の山体は侵食などで失われているので、冷却時の様子から元の山体を復元することができるかもしれない。噴出当時の溶岩ドームの形状を想像してみたい。急な登山道を登りきると男三瓶山頂である。男三瓶山頂は思いのほか、平たい（写真❸）。急な上り坂は溶岩ドームの側面、平たい山頂は、溶岩ドームの頂部である。その頂部の端では、男三瓶の表層断面を見ることができる（写真❹）。その地表面の室ノ内側には、断面はユートピアで観察したような淘汰の悪い地層と淘汰のよい地層が重なっている。粒子の大きさがそろっている淘汰のよい堆積物は降下火砕堆積物、悪いのは火砕流

❹ 男三瓶山頂部を覆う火砕物

■ 16 三瓶山 島根県

❺ パン皮状火山弾

堆積物である。火砕物の中にはパン皮状火山弾（写真❺）も含まれていて、三瓶山の最後の活動期は、爆発的な噴火だったことが想像される。規則正しく、何枚もの火砕物の重なりは、重なりの分だけ、爆発が生じたことを示している。一体、何回の爆発があったのであろうか？　数えてみよう。

　男三瓶から子三瓶、孫三瓶を経て、三瓶山の頂部を一周することは可能であるが、アップダウンが激しいコースであるので、健脚者向きのコースである。男三瓶までの往復はリフト降車口から片道2〜3時間で、往復は可能である。自家用車の場合は、東の原まで戻る必要があるが、公共交通機関を利用する場合は、北の原へ下りて、青少年自然の家に宿泊することもでき（事前予約は必要）、自由に行程を選ぶことができる。東の原に戻る場合は、リフトを使わずに登山道を下ることもできる。太平山の火砕丘がつくる斜面を下ることになるが、斜面の勾配が緩くなると降雨により、侵食されて谷が形成され始める。その谷の断面には、ユートピアで観察された火砕流堆積物と同じ堆積物が

147

❻ 太平山火砕流堆積物と火山灰層の互層

火山灰層をはさんで何枚か重なっているのが観察できる(写真❻)。この火砕流堆積物は、約4000年前の噴火で噴出した太平山火砕流堆積物である。

　時間があれば、三瓶温泉のある三瓶町志学へ行ってみよう。最後の噴火で発生した太平山火砕流は、三瓶山を取り巻くように分布している。最近の道路整備で、最新の火砕流堆積物を観察できる露頭は数が減ってしまったが、志学では、太平山火砕流の断面を観察することができる(写真❼)。火砕流は重力流で、高温の火山灰や火山弾が渾然一体となって斜面を流れ下る。従来は、太平山火砕流は、発泡の悪い本質物質を多く含むことから雲仙普賢岳のような溶岩ドーム崩壊型の火砕流だと考えられていたが、火砕流が三瓶山の四方八方に分布し、パン皮状火山弾も含むことから、爆発的な噴火によって噴き上げられた噴煙柱が崩壊することによって発生した火砕流だろうと考えられるようになった。志学の露頭では、火砕流が2枚重なっているのが観察されるが、上位の火砕

❼ 志学の太平山火砕流堆積物

流は、下部に粗粒な岩片を大量に含んでいることから重力がはたらいて、重いものが底に沈んだと考えられる。火砕流がどのように流れたかを想像してみよう。西の原は、東の原と同じように、裾野になだらかに広がった美しい地形が見られる（写真❽）。この地形は、三瓶山が侵食されてできた扇状地地形である。ときには、土石流が発生したことだろう。長い年月の間の降雨によって、扇状地は成長を続ける。

　三瓶山の北麓、大田市三瓶町多根小豆原(あずきはら)地区には、1983年の土地改良事業で埋もれ木が掘り出されたことから、埋没林の存在が明らかになった。国指定の天然記念物で日本の地質百選に指定されている。この埋没林は、今から約4000年前、三瓶山の北東斜面で山体が崩壊し、発生した岩屑なだれが小豆原川をせき止めたため、縄文時代の木々が埋没したものと考えられている。現在は、三瓶小豆原埋没林公園として展示施設が開設されている。三瓶小豆原埋没林では、立木、倒木ともにスギが過半数を占め、特に直径1mを超える大径木はほとんどがスギで、スギ以外ではトチノキ、ケヤキ、カシの仲間などがある。埋没林の樹種構成から、縄文時代の三瓶山北麓の谷筋には純林に近いスギ林が広がり、その間にトチノキなどの広葉樹がわずかに生えていたことがわかる。三瓶山は、火山活動によってできた山であるが、その形成過程は謎に包まれている。現地を歩いて、火山活動による噴出物や地形を眺めながら、謎解きに挑戦してみてはいかが？

❽ 火山性扇状地が発達している

17　TSURUMIDAKE・GARANDAKE　大分県

鶴見岳・伽藍岳 ★★☆

- 活動中の噴気地域
- 泥火山、ケイ石鉱山跡地、別府湾
- 鶴見岳：駐車場 → 別府高原駅（ロープウェイ下駅）→ ロープウェイ → 鶴見岳山上駅（ロープウェイ上駅）→ 遊歩道 → 山頂（1374m）→ 下山道（林道）→ 神社 → 駐車場
  伽藍岳（塚原温泉からの往復コース）：塚原温泉 → 噴気地域（鉱山地域）→ 塚原越 → 伽藍岳（1045m）→ 西峰（1014m）
- 塚原温泉

湯量豊富な別府温泉を一望に

　鶴見岳は、中部九州を東から西へ走る別府島原地溝にある火山群、九重・阿蘇・雲仙火山などの最も東にあり、大分県別府市の西方にそびえる標高1375mの活動的な火山である（写真❶）。山体は鶴見岳を主峰として、内山・大平山・伽藍岳・鬼箕山からなる火山群をなし、角閃安山岩ないしデイサイトからなっている。

　鶴見岳山頂の北約1kmに通称地獄谷赤池噴気孔がある（写真❷）。北東に開口した爆裂火口で、噴気活動が見られる。1974年12月、この噴気孔の噴気活動が活発化して、小さな噴石が周辺に飛散したこともあり、火山活動が活発化するのではないかと注目された。本格的な火山活動はたぶん867年で、鳴動がして噴石と火山灰が出たようである。しかし、この噴火は後述の伽藍岳の水蒸気爆発にあたると考えられている。そ

❶ 鶴見岳とロープウェイ

❷ 鶴見岳地獄谷赤池噴気孔

の後、大きな活動の報告はないが、1596年に生じたとされる地震（M7.0となっている）で別府湾で津波が発生し、瓜生島が消滅し、翌年1597年にも地震（M6.4 ?）が生じ、鶴見岳で山崩れがあったようである。

一方、鶴見岳周辺地域の地震活動は極めて活発で、山体をはさんだ南北に東西走向の断層群の地溝活動によるものである。

山頂からの眺望は、格別で、観光の要所ともなっている。山頂近くまでロープウェイがあるのでそれを利用し、下山を徒歩にするのが最もおすすめである。徒歩で登山と下山をするとかなりの時間（8時間くらい）がかかる。ロープウェイの山頂駅で降りて、鶴見岳の山頂まで遊歩道を登り、放送局のアンテナ群の建物を通り過ぎると山頂（1374m）である。

内山・伽藍岳へ至る北東への道は、やぶの中を探しながら行くことになるのですすめられない。その途中に急激な斜面がある。非常に滑りやすいので十分注意を払って、斜面を少し下ると鶴見岳の噴気孔が下に見られるが、斜面が急なので下らないほうがよい。この噴気活動から、鶴見岳が今なお活動的な火山であることがわかる。

内山方向へ縦走した場合（先に述べたようにすすめられないが）、鶴見山頂のNHKアンテナのわきから北西方向へ向かうと、アップダウンの厳しい道を馬の背・鞍ヶ戸を過ぎると通称船底に至り、内山に達する。尾根筋をさらに北方向へ向かう。ここまで急斜面の登り下りの連続の登山道をひたすら、歩き続ける。

しばらくすると噴気の臭いが感じられる。伽藍岳の噴気地域に到着する。ここは至るところで火山ガスが噴出して、そのために白っぽく変成した地域である。1995年に突如出現した泥火山がある（写真❸）。今は周囲に柵が設けられている。数分間隔で泥を噴出する様子が見られる。

ここにある塚原温泉につかって長い登山行程をいやすのが楽しいであろう。温泉は酸性度が非常に高く、アトピーなどの皮膚病に効くようである。

伽藍岳は、鶴見火山群の北端にある活火山で、山体南側中腹に南方に開いた径300mほどの円弧状の崩壊地形が発達してできた火口状地形があり、その内側では噴気活動は極めて盛んである。山頂の西に西峰があり、その北に凹地

■ 17 鶴見岳・伽藍岳　大分県

❸ 伽藍岳ケイ石鉱山跡地の泥火山火口

が見られる。この付近には溶岩ドームの崩落らしいと思われる形状がある。
　噴気地域では、最近まで珪石の露天掘りが行われていた鉱山があったが、現在は廃止されている。噴気は典型的な蒸気卓越型である。近くに塚原温泉があり、硫酸酸性の温泉水を湧出している。
　1995年10月に、伽藍岳の塚原鉱山跡地に熱泥水をたたえた直径約10m、深さ4mの火口を伴う泥火山が出現した。鉱山職員の話によると、これまでも同地点で活動していた小噴気孔（径2～3m）に貯留していた泥を重機を用いて除去する作業を行っていたとき、突如爆発的な噴出を起こし火口の径が拡大したものである。この爆発で、重機の運転席窓ガラス全体に熱泥が付着したようである。

153

登 山

鶴見岳：ロープウェイを利用して、山頂下のロープウェイ上駅に至る。ここから山頂へ向かう遊歩道を登るとテレビ局各社のアンテナの建物が多数現れ、山頂の広場である。この広場には、いろいろな趣向を凝らした小道があるので散策するとよい。テレビ局のアンテナとは趣を異にしたステンレス製の2つの京都大学の地震観測所がある。左が地震計室で、右が観測測定機器室である。遊歩道を鶴見山上駅へ下ると、下山コースが右にあるので入って行く。かなりの急坂で岩もある下り道を行く。標高1300mから1000m付近まではかなりの急坂を下りて行く。それより低くなると傾斜は穏やかになり、森の中を散策するように気分が変わってくる。標高950m付近で別の登山道（鶴見岳の西へ南平台：花の台に向かう南登山道）と合流する。あとは林道の中を横ぎると、神社に着く。

伽藍岳：塚原温泉入口に登山口と駐車場がある。登山道（車道）をひたすら登る。塚原温泉に着く。塚原温泉の上の噴気地域には、今は操業停止となった硅石鉱山道路があるが、噴気地域は陥没のおそれがあるので注意しなければならない。鉱山道路と噴気地域を迂回しながら東へ行き、左に噴気地域を見ながら進むと塚原越（伽藍岳へ行く道と内山へ行く道との分岐）に出る。左に進み再び噴気地域を迂回するように登っていくと伽藍岳山頂への登山道となる。山頂からは南に手前から内山・鶴見岳・由布岳が望まれ、360度の眺望がすばらしい。さらに西に続く草原を進むと伽藍岳西峰に達する。帰路は往路を戻り、塚原越まで引き返す。ここで南には内山へと向かう道があるので、内山まで足をのばしてもよいだろう。

左上から鶴見岳、九重山、阿蘇山（杵島岳）、雲仙岳、霧島山（新燃岳）、姶良カルデラ、桜島

18 KUJUSAN 大分県

九重山 ★★☆

- 九重山群それぞれの山体の相違
- 近接した火山山体、中岳火口御池(みいけ)と空池(からいけ)、三股山のドーム山容地形、草原と湿原、硫黄山の盛んな噴気活動、久住(くじゅう)山頂から阿蘇火砕流台地(草原)
- 牧ノ戸峠 → 沓掛山山頂 → 扇ヶ鼻(おうぎがはな)分岐 → 西千里浜 → 久住分かれ → 久住山山頂 → 東千里浜 → 中岳山頂 → 御池 → 久住分かれ → 北千里浜 → 諏蛾守越(すがもり) → 長者原
- 長者原ビジターセンター、法華院温泉、硫黄鉱山跡地

九州本土最高峰の中岳と火口湖

九重火山

　九重火山は南で阿蘇火山と接した九州本土最高峰の山、中岳（1791 m）があるため、登山人気が高く、一般的な登山口である牧ノ戸峠は登山者の車で常にあふれている。

　九重火山は東西 2 つの山体に大きく区分され、人気の高い西側の久住山系と最新のマグマ活動をした東側の大船山系がある。久住山系には扇ヶ鼻・肥前ヶ城・星生山・久住山・三俣山・中岳・稲星山などがあり、大船山系には大船山・段原火山・平治岳・黒岳などがある。

　久住山系では、星生山の北西斜面にある通称硫黄山で、1995 年 10 月に約 300 年ぶりに水蒸気爆発を生じた（写真❶）。歴史書に記載されている噴火活動は、小規模な水蒸気爆発か異常噴気で、いずれもこの硫黄山で生じている。硫黄山では従来活発な噴気活動が見られていたが、1995 年の水蒸気爆

❶ 九重硫黄山の噴気とその右の星生山と（九重山北側のやまなみ道路からと全景）

❷ 三俣山ドーム山容

発はやや規模が大きかった。

　久住山・中岳・三俣山などは、九重火山起源の九重第一軽石(KjP1：5万年前)噴火以降に相次いで形成されたものと推定されている火山である。そして、久住山系でも東半分に新しい火山が集中している。久住山系では大船山系と比して、マグマ噴火の可能性は低いが、1995年のような水蒸気噴火がくり返し発生する可能性は高いと考えられる。

　また、久住山系では、三俣山(写真❷)のような溶岩ドームの火山地形も多い。

　一方、大船山系では、最新のマグマ噴火が約1700年前に発生しており、黒岳という巨大な溶岩ドームが出現した。黒岳の溶岩は段原火山体をはじめとして大船山系の火山や溶岩を覆っており、この地域では最も新しい火山地形であることがわかる。

　段原火山には米窪と呼ばれる大きな火口(米窪火口)がある。米窪火口では、約2000年前にブルカノ式噴火が長期間継続し、また準プリニー式噴火も生じ、何層かのスコリア層が見られる。特に北側火口縁には堆積したスコリアが溶結した硬い岩体となっている。

大船山系ではかなりの頻度でマグマ噴火をくり返しているようである。したがって、九州の広い地域で年代の鍵層となっている鬼海カルデラ起源のアカホヤ火山灰の年代約7300年前以降では、マグマ噴火は大船山系に限定されている。

　これまで述べたように、九重火山の火山活動の大局的な傾向は、西から東側に移動してきたものと判断できる。

　大規模な軽石噴火（プリニー式噴火）は、九重第一軽石（KjP1）の噴火のみである。この噴火は約5万年前に、現在の久住山系の中心付近で発生したと推定され、この噴火に伴って規模の大きな飯田火砕流が発生した。

❸ 西千里浜と火口上窪地

登　山

　牧ノ戸峠登山口から登るのが容易である。週末は駐車場が満杯となって、駐車することができないので、なるべく早いうちに駐車場に到着するほうが得策である。

　ここからの行程は牧ノ戸峠から尾根づたいに道があり、まずは沓掛山山頂を目指す。ここでいっぷく。再び尾根づたいに歩き、少し下ると扇ヶ鼻へ行く道との分かれにさしかかる。右に行くと扇ヶ鼻の山頂（1698ｍ）である。

❹ 中岳山頂（左）と御池（中央）と空池（右）

今回は左に行くが、すぐに星生山山頂（1762m）へのルートと西千里浜へのルートとの分岐に会う。ここでは星生山南麓の草原と湿原のある広い西千里浜（写真❸）に向かう。このような山頂近くの場所に、どうして湿原が誕生するのかを不思議に思いつつ、星生山の南東稜線の岩場である星生崎を通過する。正面に久住山を眺め、ゆっくり岩山を下りると避難小屋がある広場に出る。ここが久住分かれ。見晴らしのよく、やや広くなった久住分かれでは、はるか南に阿蘇火山が望まれ、雄大な景色（阿蘇火砕流台地）を堪能しながら休憩。

　久住分かれの北の岩だらけの崖を下りれば、噴煙を上げる硫黄山を見ながら北千里浜（写真❹）を抜けて坊ガツルや、諏蛾守越（すがもりごえ）から長者原に行くことができる。

　まず右南の久住山山頂（1786m）へ行く。再び久住分かれ方向へ下り、今度は九重火山群の最高峰中岳（1791m）に登ってみる。山頂近くには美しい火口湖（御池（みいけ））があり、こんな高い場所にどうしてこんな美しい池が存在するのか不思議に思ってほしい（写真❺）。また、この御池の手前に接して空池（からいけ）がある。両方とも、中岳の噴火口である。御池は水をたたえているのに、空池は文字通り空の池である。この2つの火口の対称的なありように興味を抱いてほしい。

　再度、久住分かれに戻り、今度は北へ下る多数の岩がごろごろしたガレ場ルートをとる。岩だらけだし、岩の上は滑りやすいので十分な注意をしてガレ場を下る。

　ガレ場の途中やガレ場から平坦になったところからでも、左側に星生山の東斜面が望まれる。斜面の上のほうにいくつかの噴気孔の痕跡が注意深く見ると

■ 18 九重山 大分県

❺ 北千里浜と 1995 年噴火時の噴煙

見られる。1995 年に水蒸気爆発した跡である。

　星生山の北斜面は通称硫黄山と呼ばれ、古来から硫黄の採掘が行われていたが、1995 年の水蒸気爆発頃から操業が中止された。この噴気地域の中は硫黄ガスが充満しているので、入らないほうが安全である。

　岩だらけの急斜面のガレ場を過ぎたら北千里浜である。ゆっくり北へ向かって歩いていくと諏蛾守越へ登る道が左にある。右へは法華院温泉へ下る道である。諏蛾守峠へ向かう途中に三股山への登山道がある。時間に余裕があるなら登るのも楽しい。

　長者原へ向かうなら諏蛾守峠へ向かう。峠にはコンクリートの風よけの休憩所がある。1995 年の噴火活動以前では、ここに木造の休憩所があって、冷たい飲み物などがあった。

　北千里浜から諏蛾守越とは反対の方向（右）へ行くと法華院温泉である。宿泊もできるので、法華院温泉で 1 泊して、坊ガツルの湿原と草原を経由して大船山へ登るのもよい。段原火山の大きな米窪火口や小さな火口が見られる。

161

阿蘇山 ★★☆

- 後カルデラ火山群（中央火口丘群）、活動火口、休止火口群、新旧期山体のさまざまな火口壁堆積物層
- 中岳活動火口（湯だまり＝火口湖）、爆裂火口、火砕丘火口群（巨大なもの＝杵島岳と小型のもの＝米塚）
- 中岳火口 → 砂千里 → 古期山体火口壁 → 古期山体火口縁 → 中岳山頂（ここまで70分）→（30分）→ 高岳山頂 → 高岳火口（大鍋）
- 阿蘇火山博物館、阿蘇カルデラ南北のカルデラ壁の傾斜の違いとカルデラ床

重要 2016年4月に発生した熊本地震の影響で阿蘇山と鶴見岳は多くの登山道が通行できなくなっている。熊本県・大分県の自治体のホームページで事前に確認すること。

世界最大級のカルデラにある活動火口と火山群

阿蘇火山

　活火山阿蘇は、南北25km、東西18kmのカルデラとその中央にほぼ東西に並んだ大小十数座の中央火口丘の全体を指す。

　カルデラは約30万年前に始まった大規模火砕流噴火を4回経てでき上がったものである。約9万年前の4回目の大規模火砕流噴火の直後にカルデラができ上がったが、その後、カルデラ壁の崩壊などにより徐々に拡大して現在のカルデラの形状となった。もちろん、4回の大活動の間には、規模が小さいが溶岩や多量の火山灰噴出があった。

　カルデラ形成後は雨水がたまり広大な湖が存在したが、西部カルデラ壁の崩壊で湖水は流出してしまった。

　登山の対象となる山は、根子岳・高岳・中岳・杵島岳・烏帽子岳など後カルデラ火山群（中央火口丘群）である。根子岳は2012年の集中豪雨で登山路が崩壊したので、ここでは高岳ほか3つの火口丘群に登ってみる。

中岳と高岳

　阿蘇登山道路の終点である阿蘇山ロープウェー西駅から中岳火口登山遊歩道を登る。この遊歩道は有料道路と並行している。中岳火口を目指して登っていく。中岳火口第2火口南縁に着く。多くの観光客が火口見物に訪れている。1979年の噴火以前では第1火口も含んで、中岳火口全体を一周できたが、危険であるので、開放されているのは第2火口から第4火口までで、いずれも西側火口縁だけである。

　活動中の第1火口をのぞく。火口底には湯だまりと呼ばれるエメラルドグリーン色した神秘的な火口湖が見られる

❶ 中岳第1火口湯だまりと火口南壁赤熱現象

❷ 中岳第4火口水たまりと火口壁火砕物堆積層

ときもあれば（写真❶）、湖がなくなって火口底が露出して噴気活動の盛んなときもある。いずれも、火山活動が静穏で、火山ガスが漂っていないときだけ観察できる。

　中岳そして高岳のそれぞれの山頂を目指すには、第4火口（写真❷）を眼下に眺めながら砂千里（写真❸）へ南下する。砂千里では木道を少し南へ行き、旧火口縁の下を東に行き、中岳古期山体の火口壁をほぼ直登する。古期山体の火口縁（写真❹）を北上して東西の稜線に出たら西に中岳山頂（1506ｍ）がある。少し戻り高岳山頂を目指す。

　中岳は、玄武岩質安山岩と安山岩の複雑な構成からなる成層火山であるが、山体の西側が火山活動で破壊され現在の活動火口となっている。中岳では、約6000年前以降の活動によってできた山体を新期山体と呼び、それ以前約2万年前以降の山体を古期山体と呼ぶ。山頂は古期山体の火砕丘であるが、その

■ 19 阿蘇山　熊本県

西側が火口となって新期山体および最新の火山体である。

　砂千里は新期山体の火口の南端にあり、そこから古期山体の火口壁を中岳山頂へ登るが、中岳山頂から南北の稜線は古期山体の火口縁である。

　高岳は、阿蘇火山の最高峰（1592ｍ：ヒゴクニ）で、鷲ヶ峰火山とその後に山頂南西で活動した高岳火山からなる。高岳火山の火口は東西約700ｍで大鍋と呼ばれている。

　登山にあたっては、この大きな地形を把握し、登山路に数万年にわたる幾重も重なった火山砕屑物（いろいろな色を持った火砕物：溶結凝灰岩・火山灰・溶岩流）の地層を注意深く見ることが大切である。

上❸ 砂千里、右側の木道を歩き木道終わりから左に行き旧火口壁を東へ行くと旧期山体の火口壁の下に至る。この火口壁を直登して旧火口縁へ出る
下❹ 中岳火口の新規山体の火口壁（手前）と旧期山体の火口壁（遠方）の状況

高岳山頂に登ったら、少し東へ行き、東峰（1564 m）に行くとよい。通称「天狗の舞台」と言われ、天狗の舞台が東に迫っているのを見る。北には眼下に絶壁で鋭くそびえる鷲ヶ峰（1233 m）が見える。鷲ヶ峰は九州の岳人を育てた岩登りのメッカで、多くの若者たちが命を落とした。高岳山頂の南に大きな窪地が見られる。東端に避難小屋がある。この窪地は高岳が2万年前以降に噴火した時の噴火口である。

杵島岳

　北の往生岳とともに玄武岩の火山で、山体はスコリア（マグマのしぶき）が堆積したもの（写真❺❻）。この山麓からは北と北西へ玄武岩溶岩が流下した。約3000年前に両火山とも活動してでき上がったが、往生岳は杵島岳より少し若い。噴火はスコリアを多量に含む噴煙が上空高く上がったため、降下スコリア層がカルデラの東に分布している。

　1時間足らずで、草千里駐車場から山頂まで登れる。登山道は整備され、アスファルト舗装やコンクリート道や石組みの階段でできている。

　山頂には大きな火口がある。火口縁を一周でき、途中には火口へ下りる道もある。火口底に座ったり、寝そべったりすることがおすすめである。まったく人工的な音が聞こえない体験ができる。この

上❺ 杵島岳（草千里から）
下❻ 杵島岳山頂火口群と右に往生岳

■ 19 阿蘇山 熊本県

❼ 杵島岳古御池火口

　火口の東下にも大きな窪地がある（写真❼）。いくつかの噴火口であることが見るとわかる。山頂の火口縁に高温のスコリアが堆積し、凝固した層（写真❽）があるので注意して見ること。
　また、杵島岳山頂の火口縁西側からはカルデラの北と西側のカルデラ壁とカルデラ床（阿蘇谷）が望まれる。カルデラ地形をよく見ることができる。さらに、杵島岳西直下にかわいいお椀を伏せた形の火砕丘＝米塚とその噴出火口が望まれる。そして、米塚の手前に道路建設で山体の半分が削られた上米塚がある。これもスコリア丘である。さらに注意して見ると上米塚の手前に3つ以上の

❽ 杵島岳火口縁スコリア堆積層

167

火口状の地形がわかる。米塚が誕生したときの割れ目噴火の痕跡である。

烏帽子岳と草千里火口

　山頂へは草千里駐車場から1時間程度で行くことができる（写真❾）。山頂には小さな広場があるだけである。むしろこの登山では山頂へ至る登山道を歩きながら観察することが重要である。第一に草千里火口（写真❿）を見ること。草千里火山の登山道と烏帽子岳の登山道の違いを、汗を流して体験することである。昔、3万年前の草千里火山が爆発噴火した跡が草千里火口である。直径ほぼ1 kmの円形をした火口である。烏帽子岳への登山道の中途まではこの火口の縁を歩く。草千里火口は1回目の爆発で烏帽子岳よりやや高かった草千里火山の山頂から200 m程が噴き飛んでしまって、直径1 kmの爆裂火口ができた。その後、火口の東側でやや規模の小さい噴火活動が生じた。そのため、草千里火口には2回目の噴火活動で生じた火口の縁が西側に残った通称駒形山と呼ばれる小高い丘が草千里火口の中央にある。この丘の上に立って、ジャ

❾ 草千里と烏帽子岳

■ 19 阿蘇山　熊本県

❿ 烏帽子岳から見た草千里火口と右に杵島岳

ンプすると下が空洞になっているかのような音がするのでやってみるとよい。丘が噴火活動によって堆積したものでできたことが実感できる。また、この丘の東西の斜面を見比べてほしい。東側が急傾斜で、西側が緩やかな傾斜となっていることに気づくであろう。これも草千里火口の東側で2回目の噴火活動があったことを示し、2回目の活動の火口側が急傾斜で噴出物が積もった西側が緩やかになっている。もう1つ注意して見てほしいことは、草千里火口の駒形山の東西の火口跡の高さである。東側が低いことに気づいてほしい。このことも2回目の噴火活動があったことを示している。このようなことを見ながら烏帽子岳へ登ると、急に登り道がきつくなる。草千里火山と別れ、烏帽子岳の斜面に入ったことを示す。烏帽子岳は阿蘇火山の多数ある中央火口丘の中でも成層火山として均整のとれた山で、斜面がそれなりに急傾斜である。

　烏帽子岳山頂に着いたらカルデラの南側を見てほしい。カルデラ壁とカルデラ床（南郷谷）である。先に、杵島岳山頂から見た西および北のカルデラ壁と対比して見ること。

雲仙岳 ★★★

20　UNZENDAKE　長崎県

- 溶岩ドーム、カルデラ、火砕流、溶岩尖塔、火山性扇状地、活断層
- 雲仙地獄、妙見カルデラ、風穴、平成新山、普賢岳
- 「諫早（いさはや）」駅または「島原」駅から島鉄バス雲仙線「雲仙お山の情報館前」下車
  雲仙お山の情報館 → 池の原園地駐車場 → 仁田峠駅 → 妙見岳 → 鬼人谷 → 風穴 → 鳩穴別れ → 立岩の峰 → 普賢岳 → 紅葉茶屋 → アザミ谷 → 仁田峠駅 → 池の原園地 → 雲仙バスターミナル
- 雲仙岳災害記念館（火山博物館）、土石流被災家屋保存公園、旧大野木場小学校被災校舎、島原温泉、小浜温泉、千々石断層

■ 20 雲仙岳　長崎県

日本で最も新しい山

　有明海に浮かぶ胃袋型の島原半島。その中央にそびえる活火山の主峰が雲仙岳だ（写真❶）。この半島は 2009 年世界ジオパークに指定され、半島各所に大地の恵みの見どころ（ジオサイト）がある。今回はその中でもとっておきのジオサイトである雲仙温泉、普賢岳、そして日本で最も新しい山である平成新山の直近まで歩いてみよう。

　島原半島は大昔は大きな火山島であったが、現在は諫早から陸でつながっている。出発地の雲仙温泉街には諫早バスターミナルから雲仙経由で島原まで行く島鉄バスを使うか、熊本港や熊本県北部の長洲港から有明海をフェリーで渡って、島原から雲仙行きの島鉄バスに乗車する。島原半島の南方にある天草諸島からのフェリーもある。

　まず、「雲仙お山の情報館」で雲仙岳登山ガイドマップを手に入れよう。ここは雲仙天草国立公園のビジターセンターになっており、受付では春のミヤマ

❶ 雲仙岳から見た平成新山

171

❷ 雲仙地獄

キリシマ、夏のヤマボウシ、秋の紅葉、冬の霧氷といった雲仙の四季の植物や、雲仙で観察できる野鳥の最新情報を教えてもらえる。情報館の2階では、同じ島原半島にありながらまったく泉質の異なる小浜温泉・雲仙温泉・島原温泉の謎を学習できる。

　「お山の情報館」から国道を渡り、雲仙地獄を散策しよう。雲仙温泉地区は硫酸塩泉（硫黄泉）が湧き出る古い火山の名残で、時代とともに地熱活動域が東側に移動し、現在は雲仙地獄で最も活発な地熱活動が見られる（写真❷）。地面から熱水がゴボゴボと湧き出し、硫化水素の臭いが漂う風景はまさに地獄である。江戸時代初期にはキリスト教徒が迫害された哀しい地でもある。雲仙地獄最奥部の大叫喚地獄の脇から九州自然歩道に入る。ちょっと急な山道であるがこの辺りにはツツジ類の植物が多い。振り返ると雲仙地獄、温泉街、絹笠山とこの地域がすり鉢状火口の地形となっていることがわかる。これらの地形は中期雲仙火山群と呼ばれ、約30〜15万年前にできたと考えられている。花を楽しみながら矢岳からのびる尾根を越えると、ゴルフ場前の国道に出る。車道を100mほど温泉街のほうに進み、前にそびえる野岳を見ながら池の原園地に入る。

　野岳は、約15万年前から現在まで続く新期雲仙火山活動期に、最初に活動を始めた火山である。野岳の裾野になだらかに広がる火山性扇状地形を利用し、1913年に日本で2番目に古いゴルフ場がつくられた。当時は夏になると長崎に住む多くの外国人が避暑のために訪れていた。池の原園地に広がるみごとなミヤマキリシマ群落の間を抜けて40分ほど歩くと、仁田峠循環道路の駐車場に到着する。雲仙温泉から仁田峠までは自家用車などを使うことも可能である。しかし、春のツツジや秋の紅葉シーズンには毎年大変な渋滞になるた

■ 20 雲仙岳　長崎県

❸ 仁田峠から見た平成新山（雲仙市提供）

め、雲仙温泉や池の原園地から徒歩で登ってくることをおすすめする。仁田峠からは、平成新山溶岩ドームやそこから発生した火砕流の跡を見ることができる（写真❸）。火砕流地域の海側は土石流地帯となり、土石流を埋め立てた海岸線の土地に「雲仙岳災害記念館」の建物も見ることができる。ここは火山博物館になっており、雲仙平成噴火災害のほか、1792年の眉山崩壊とその津波の災害（島原大変肥後迷惑）を学ぶことができる。島原半島ジオパークのコア施設にもなっているのでぜひ訪れたい。

　じつは雲仙には雲仙岳という山はない。雲仙岳は三岳五峰と呼ばれ、普賢岳、国見岳、妙見岳の三岳、野岳、九千部岳、矢岳、高岩山、絹笠山の五峰の総称である。仁田峠からは三岳の1つである妙見岳に登ってみよう。標高1330mの妙見岳にはよく整備された登山道を登ると約30分で到着できるが、ロープウェイに乗って約3分間の空中散歩を楽しんでみるのもよい。特に秋の紅葉シーズンには切り立った妙見岳の岸壁の周囲に広がる真っ赤や黄色

173

❹ 妙見岳から見た雲仙温泉街

のじゅうたんに目を奪われる。

　妙見岳展望所からの眺めはすばらしく、島原半島だけではなく、天草や橘湾そして長崎市の野母崎まで一望できる。晴れた日には遠く霧島連山や桜島があげる噴煙も見ることができる。出発地点の雲仙温泉街も箱庭のようだ（写真❹）。

　島原半島のつけ根、雲仙市千々石町から諫早市の海岸線に沿って、東西にシャープな崖が見える。この崖の北側の台地には約50〜30万年前の古期雲仙火山の溶岩やその堆積物となっており、崖の南側の低地には、それより新しい中期雲仙火山の溶岩が分布している。古い地層が標高の高いところに、新しい地層が低いところに位置するという逆転現象が起きている。じつはこの崖は千々石断層と呼ばれる活断層の断層崖となっており、最大で450ｍの落差がある。この活断層は南北に引っ張りの力がはたらいて地面がほぼ垂直にずれる、正断層型と呼ばれる日本では数少ないタイプ活断層で、過去にM7クラスの大地震を何度も発生させている。雲仙火山は北の千々石断層、南の金浜、布津・深江断層にはさまれた東西に細長い雲仙地溝と呼ばれる溝の中で噴火

■ 20 雲仙岳 長崎県

❺ 冬の風物詩「樹氷」

をくり返しており、地震が発生するたびに沈降して標高が低くなるため、何度噴火が起きてもあまり標高が高くなれない。雲仙地溝は過去50万年間に1000m以上沈降していることがボーリング調査からわかっている。

　展望所をあとにして、妙見神社・国見別れまで進んでみよう。冬期には空気中の水蒸気が樹木の枝や葉に氷結して風上側に霧氷ができる。当地では「花ぼうろ」と呼ばれ、冬の風物詩である（写真❺）。妙見岳や国見岳の東斜面はすぱっと切り落ちており、われわれはその縁を歩いている。この凹地は妙見カルデラと呼ばれ、成層火山であった国見岳や妙見岳が約2〜1万年前に山体崩壊してできた地形である。このときできた凹地の中に約6000〜4000年前に相次いで溶岩ドームが形成された。この1つが普賢岳であり、さらに1991〜95年にも新たな溶岩ドームができた。これが平成新山である（写真❻）。国見別れからいったん妙見カルデラの急崖を下り、新しい溶岩ドーム群に行ってみよう。鬼人谷口から先は2012年に整備されたばかりの新登山道となっているが、天候や体調が悪い時には無理をせずに、紅葉茶屋・アザミ

175

❻ 上空から見た雲仙岳（雲仙復興事務所提供）。赤線は本書で紹介した登山道

谷を通ってロープウェイ「仁田峠」駅に戻ることができる。

　鬼人谷口からは、普賢岳溶岩ドームの裾野を北に向かってほぼ水平に進んでいくと西の風穴に到着する。ここは奥行き約30ｍ、高さ数ｍの洞窟で、ドーム溶岩の冷却収縮の際にできた割れ目を利用し、さらに入口付近を人工的に石積みしてできている。風穴内は冬場の冷気が蓄積されているので、外気温が20℃を超える8月になっても、内部の温度は4℃前後に保たれている。明治時代にはこの風穴は蚕種（絹糸をつくる蚕の卵）の貯蔵に利用されていた。蚕種は5℃以下の低温で貯蔵すれば孵化を遅らせることができる。この周辺

に何か所もある風穴では、九州各地から蚕種を預かって低温保存し、求めに応じて出荷していた。現在この西の風穴には地震計と傾斜計が設置されており、島原市にある九州大学地震火山観測研究センターにデータが伝送されている。1990～95年の平成噴火の際にも約700m先の溶岩の噴出に伴う微小な震動や傾斜変動を記録していた。

登山道をさらにゆっくりと登りながら進み、北の風穴を過ぎると鳩穴別れに到着する。ここからは島原半島の北部を広く見渡すことができる。有明海の向こうには佐賀平野や背振山地も見ることができる。島原半島の北部には雲仙火山起源の火山性堆積物がつくった扇状地が広がっており、肥沃な畑作地帯となっている。扇状地に刻まれた谷部では豊富な地下水を利用した稲作も盛んである。手前の古期～中期雲仙火山の峰々の間には活断層である千々石断層が島原半島を東西に横断しているのがわかる。

さて登山道はここから急斜面を登り始める。かつての登山道はまっすぐにのびており、1663年の「寛文噴火」のときの溶岩トンネルである鳩穴まで続いていたが、平成噴火の際に新しい溶岩ドームの下に完全に埋没してしまった。そこで、ここから一方通行の石段の急な登山道を上ることになるのであるが、石段の石に気をつけてみよう。ところどころに細かい亀裂が入ったパン皮状火山弾が使われている。パン皮状火山弾は粘り気の強い溶岩が空中に飛び出し、表面が急に冷え固まった後も、岩の中でガスが膨張し、フランスパンのようなひび割れが生じた火山弾である。平成噴火では溶岩ドームが急成長を始めた1991年6月に2回ほどマグマが火口から直接飛び出す「ブルカノ式噴火」が発生しており、このときのマグマ起源の岩が足元の石段に使われている。

標高差70mの急崖を息を切らしながら登ると、展望台がある立岩の峰が目の前である（写真❼）。そしてその左手にある巨石が積み上がった山が、日本で一番新しい山である平成新山だ。1991年5月20日、標高1220mの地獄跡火口に出現した溶岩は見る見るうちに成長し、4年間で東西約1200m、南北約800m、高さ約260m、体積にして約1億m³の溶岩ドームになった。またさらに1億m³の溶岩が火砕流や火山灰となって崩落・飛散したので、平成噴火では計2億m³（東京ドームで160杯分）のマグマ

❼ 立岩峰から見上げる平成新山

が噴出したことになる。

　かつては普賢神社や屏風岩が普賢池周辺のうっそうたる広葉樹林の中に存在していたが、これらはすべて溶岩塊の下に埋もれてしまっている。うずたかく重なった溶岩がまだ不安定で危険なため、平成新山は現在も立入禁止区域に設定されており、地元自治体（島原市と雲仙市）の許可を得た学術研究者や防災関係者が年に2、3回登山調査を実施している。噴火終息直後の調査では800℃もある高温の火山ガスを噴出する場所も山頂部にはあったが、現在は最高でも200℃程度であり、噴気地域以外は地熱徴候がまったくなくなっている。冬には平成新山は雪に覆われてしまう。

　さて平成新山周囲の地形を見てみよう。普賢岳や立岩の峰、そして島の峰（平成新山の陰になって残念ながらここからは見えない）では、平成噴火の際の火山性ガスの影響で広葉樹林の大木が枯れ、ようやく低木のミヤマキリシマ、ヒカゲツツジ、ニシキウツギが育ち始めている。木々の間からは平成新山と同様なごつごつとした岩肌があちらこちらに見えている。樹木がなければ、

■20 雲仙岳 長崎県

平成新山とまったく同じような溶岩ドーム地形である。これらの3つの峰も約6000～4000年前に形成された溶岩ドームであり、4つめのドームが最近できた平成新山というわけである。いまは岩だらけの平成新山も斜面をよく見るとさっそくススキやイタドリが侵入を始めており、200～300年後には山頂まで植物に覆われ、ほかの3つのドームと区別がつかなくなるだろう。

　さて、立岩の峰を横断して、普賢岳ドームに移動しよう。普賢岳も植生や薄い土壌の下には巨石の溶岩が積み上がっており、登山道のそばにも大きな穴があちらこちらにあいているので歩くときには細心の注意が必要である。

　霧氷沢は両側を垂直の壁に囲まれた不思議な地形となっているが、じつはこれは地下で溶岩が固まってしまった後に、火口から垂直に押し出された「溶岩尖塔」の名残である。まったくそっくりな地形が平成新山の山頂にもある。冬期は北西季節風が壁の間を吹き抜け、樹木の枝には立派な霧氷が成長する。

　だらだらと岩の間をぬって登って行くと、本コースの最高点である普賢岳の山頂に到着する。ここからは平成新山の全景を見ることができる。頂上部に高さ約30mの溶岩尖塔がぴょこっと飛び出ている。その根元からはまだ高温の火山ガスが噴出しており、ここからもよく見える。平成新山の斜面は上から崩壊した溶岩塊に覆われているが、中にはハート型の溶岩塊があり、それを見つけると幸せになれるとの言い伝えもある。普賢岳山頂には標高1359mの一等三角点が設置されており、かつては熊本金峰山の一等三角点との間で三角測量が行われていた。しかし現在はその方向に平成新山が成長して見えなくなってしまった。

　普賢岳から先は紅葉茶屋、アザミ谷まで急な下り道となる。平成新山とほぼ同じ斜度約35度の溶岩ドームの斜面を下るのである。ところどころロープが設置されているので、それにつかまりながらゆっくりと下山しよう。

　小鳥がたくさん生息しているアザミ谷を過ぎ、ちょっと登りの妙見カルデラ縁を越えると、間もなくロープウェイ「仁田峠」駅に到着である。このあとは往路と同じコースをたどって雲仙温泉街に戻る。余裕があればさらに雲仙地獄を散策し、雲仙温泉に浸かって登山の疲れをいやそう。

霧島山 　宮崎県・鹿児島県

🗻 火口湖、マール、溶岩流、火山地形、植生遷移

🔍 えびのエコミュージアムセンター、火口湖、南九州には珍しい冷温帯植物群

🚶 えびのエコミュージアムセンター → えびの高原展望所 → 白紫池わき（びゃくしいけ） → 二湖パノラマ展望所（にこ） → 白鳥山山頂 → 白鳥山北展望所 → 六観音御池わき（ろっかんのんみいけ） → 不動池溶岩流 → 硫黄山 → えびのエコミュージアムセンター
（体力に自信のない方は、白紫池わきから六観音御池わきにショートカットすることも可能。また、コースを逆に回っても楽しむことができる）

🔭 霧島に降る雨のゆくえ

重要　出発前に必ず、えびのエコミュージアムセンターに立ち寄り、火山噴火情報、天候情報を確認してください。

高原の火口湖群を楽しむ
（霧島ジオパークえびの高原池めぐりコース）

霧島山は、宮崎・鹿児島の県境、小林カルデラと加久藤カルデラの南縁に生じた第四紀の複成火山である（写真❶）。霧島ジオパークは、「自然の多様性とそれを育む火山活動」をテーマとして、この霧島山を中心に登録されたジオパークである。霧島ジオパークは2010年9月14

❶ 北西側上空から見た霧島山。写真中央部に最高峰の韓国岳、奥にとがった山頂を持つ高千穂峰が見える

日に日本ジオパークネットワーク（JGN）加盟が認められたが、約4か月後の2011年1月26日、そのほぼ中央に位置する新燃岳で数百年に一度という、大きな噴火が発生した（写真❷）。

霧島山という名前を持った単独のピークは存在せず、最高峰韓国岳（標高1700m）をはじめ、天孫降臨の神話の山として知られる高千穂峰など、20を超える小規模な火山の集合体を霧島山、あるいは霧島火山と総称している。そのため、霧島連山、霧島連峰などと呼ばれることも多い。北西－南東方向に長い30km×20kmのほぼ楕円形をした地域に火山体や火口が集中して見られる様子は、世界でもほかにあまり例がなく、1967年に公開された映画

❷ 2011年1月の新燃岳噴火の様子（2011年1月27日16時頃）

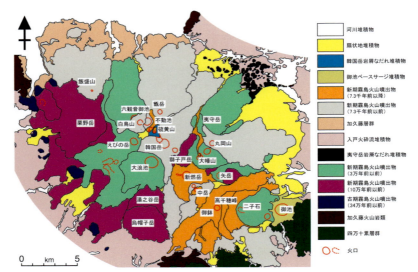

図1 霧島火山の地質図（井村・石川、2014を一部改変）

「007は二度死ぬ」では物語の舞台となり、日本を代表する景勝地として海外からの注目を集めた。

霧島山は北の九重・阿蘇山から南の桜島・開聞岳・トカラ列島へと続く西日本火山帯の火山フロント上に位置する。霧島山の山頂部から南を眺めると、姶良カルデラ、桜島、開聞岳、薩摩硫黄島が一望でき、いわゆる霧島火山帯を実感することができる。

霧島山の北側には約53万年前と約34万年前に形成された小林カルデラと加久藤カルデラがある。霧島火山の活動は、加久藤カルデラの形成を境に古期と新期に分けられ、現在地表で見られる火山のほとんどは新期の活動によってつくられたものである（図1、2）。霧島山では、数十万年前に活動した火山から現在活動中の火山まで、いろいろな時期に活動した火山が見られるだけでなく、成層火山、火砕丘、溶岩流、山体崩壊やその流れ山など、さまざまなタイプの火山体や火山地形を観察することができる。また、溶岩流、降下火砕物

182

■ 21 霧島山 宮崎県・鹿児島県

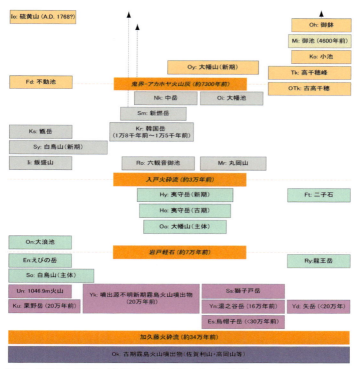

図2 霧島火山の層序（井村・石川、2014を一部改変）

や火砕流など多種多様な噴出物も見られ、まさに「火山の博物館」と呼ぶにふさわしい場所となっている。

　天然記念物のノカイドウを中心に1300種もの植物が生育する、霧島山の自然の多様性は、地球規模の環境変動、霧島山の地理的位置と火山活動が相互に関係し合ってつくられたものである。このことは霧島山で見られる自然景観を詳しく観察することによって、地球規模の環境変動や火山噴火史を理解することができることを示しており、霧島ジオパークの価値をより高いものにしている。

183

霧島山は日本でも有数の多雨地域であり、えびの高原で1993年に観測された年間降水量8670mmは、日本の最多雨量となっている。霧島山に降った雨は、川となって太平洋（大淀川水系）、東シナ海（川内川水系）、鹿児島湾（天降川水系）へと流れ下るだけでなく、地下に浸透して、たくさんの火口湖を涵養するとともに、温泉になったり、あるいは山麓の豊かな湧水群となって、私たちに恵みを与えてくれる。

　ここでは、さまざまな火山地形や多様な植生、水の恵みなど、霧島山の魅力をコンパクトに、気軽に楽しめるえびの高原池めぐりコースを紹介する。

STOP 1：えびのエコミュージアムセンター

　えびのエコミュージアムセンターは、2013年7月20日に全面改修を終え、リニューアルオープンした。この施設は、霧島ジオパークの拠点施設として位置づけられるものであり、その改修にあたっては、ジオツアーなどジオパーク活動で利用しやすいデザインとなっている。現在の火山活動の状況を示すコーナーでは、タッチパネルで新燃岳・御鉢のリアルタイム画像や気象庁の気象情報のホームページが見られる。登山者が自ら情報を得て、安心・安全な登山ができるように考えられているので、出発前に現在の火山の状況を必ず確かめてほしい。

　霧島火山の紹介では、白色の立体地形模型にナレーションつきの動画をプロジェクターで映し出すかたちで霧島火山の生い立ちを学ぶことができる（写真❸）。立体模型に映し出される動画は、火山活動から植生環境の説明へと連続した構成になっており、見慣れている風景の中に、霧島山の自然史が見えるように工夫されている。

❸ えびのエコミュージアムセンターの地形模型

STOP 2：えびの高原展望所

　えびの高原から時計回りに池めぐりコースに出発する。沢を渡ると急な上り坂になる。この急な坂は白紫池から流れ出した溶岩流の末端崖である。えびの高原展望所は、これを登りきった比較的平坦な溶岩流の上面に位置する。えびの高原展望所からは、韓国岳、大浪池、えびの岳など、えびの高原をとり囲む火山を見ることができる（写真❹）。えびの高原は、高原と名がついているが、周囲を山に囲まれた山間盆地であることがわかる。

❹ えびの高原展望台からの風景

STOP 3：白紫池わき

　えびの高原展望所から白紫池への道はアカマツの林が美しい（写真❺）。大正時代から昭和初期に発行された絵葉書を見ると、このあたりに大きな木はなく、一面にススキが広がっている。当時、この地域はえびの高原周辺の噴気活動の影響を受けてあまり植生が育っていなかったと考えられる。アカマツはそのような荒れ地に最も早く侵入する木本類である。かつては、アカマツ林の林床にはミヤコザサが深く生い茂っていたが、シカによる食害のために近年では明るく開けた林となり、茂みに生息していた鳥や小動物の数が減ってしまった。

　白紫池は、白鳥山の南東側

❺ 池めぐり遊歩道沿いのアカマツ林

185

に生じた小規模な火山体の火口に水がたまったもの（火口湖）である。この火口から流れ出た溶岩は、東側にある六観音御池にせり出すように分布しており、火口の南東縁は一部欠如している。このことから、六観音御池よりも白紫池の火山のほうが新しいことがわかる。火口の直径は 250 m あるが、水深は数十 cm しかない。それゆえ、冬季には全面凍結することが多く、かつては天然のスケートリンクとして利用されていた。白紫池に流入する河川はなく、北東側の六観音御池への排水川がある。渇水期でも白紫池の水が枯渇することはなく、池の水がこの火山の地下水によって涵養されていることがわかる。観察地点周辺ではベースサージ堆積物が認められ、その活動の末期にマグマ水蒸気爆発が発生したことを示している。

STOP 4：二湖パノラマ展望所

　白紫池火口の南縁の高台に二湖パノラマ展望所がある。ここからは、白紫池と六観音御池の 2 つの火口湖と、えびの高原をとり巻く韓国岳や甑岳をきれいに見ることができる（写真❻）。視界が急に開けるのは、アカマツの林から、やや背丈の低い風衝の植物群落に変わる場所だからである。白紫池と六観音御池の湖水面の高さを比べると、白紫池のほうがずいぶん高い位置にあることがわかる。湖水面の高さは地下水面の高さとほぼ一致するから、近くても山によって地下水面の位置が異なることがわかる。

　ここから見る韓国岳は、2 つのピークがあるように見えた、えびの高原からの姿とは異なり、霧島山の最高峰にふさわしい大きな山体をなしていることがわかる。山体形成後にできた、爆裂火口や崩壊地形をよく観察することができる。

❻ 二湖パノラマ展望台から見た白紫池（左）と六観音御池（右奥）

STOP 5：白鳥山山頂

　二湖パノラマ展望所から時計回りに白紫池火口をたどると、さらに植生は少なくなり、白鳥山の山頂に近いところでは風衝裸地となる。白鳥山の山頂は白紫池火口の西の縁の一番高いところである。大きな木がないので、白鳥山山頂は、よく晴れた日には絶好のビューポイントとなる。

❼ 白鳥山山頂から見た冬の霧島山（右奥のピークが韓国岳）。白紫池（手前）は凍結している

遠くを見ると、南には桜島や錦江湾を、北には九州山地や雲仙岳を望むことができ、九州から南西諸島につながる、西日本火山帯（いわゆる霧島火山帯）を体感できる。南北に並ぶこれらの火山列に対して、霧島山の中の火山群は北西から南東に向かって配列している。白鳥山から南東を眺めると、眼下の白紫池から、六観音御池、不動池や硫黄山などが韓国岳に向かってほぼ一列に並んでいるのがよくわかる（写真❼）。

STOP 6：白鳥山北展望所

　白紫池火口の北東縁にある展望所で、直下に見える六観音御池とその北側にある甑岳の整ったかたちが印象的である（写真❽）。甑岳は頂上部を水平に切り落としたようなかたちが「甑／蒸し器」に似ていることが名前の由来とされている。甑岳は1.8万年くらい前にできた成層火山

❽ 白鳥山北展望所から甑岳（左の台形状の火山）と六観音御池（手前）を望む

で、北方山麓には多数のフローユニットからなる溶岩が分布している。山頂には直径約 400 m の浅い火口があり、低層湿原となっていて、泥炭が堆積している。甑岳の東側山腹の標高 1000 〜 1250 m 付近のモミやツガの針葉樹林は国の天然記念物に指定されており、霧島屋久国立公園の特別保護地区にもなっている。

STOP 7：六観音御池わき

 白鳥山北展望所から急な斜面を経て六観音御池に向かうと、急に太く大きな木が増え、ブナ・ミズナラ・カエデなどの落葉広葉樹やモミ・ツガなどの常緑針葉樹の混交林となる。このような植物群落は、東北地方の平地では普通に見られるものであるが、南九州の平地では見ることができない。これらの植物は、現在よりも気温の低かった氷期の生き残りで、霧島山でも標高の高い、すなわち寒冷な気候のところ（およそ標高 800 m 以上）で特徴的に見られる。ただし、約 2 万年前の最終氷期最寒冷期（LGM）以降に活動した、新しい火山（高千穂峰や御鉢など）では、標高が高くてもこれらの植物はほとんどない。霧島山で紅葉が見られるのは、これら氷期の生き残りの植物が多いからで

❾ 秋の六観音御池。落葉広葉樹の紅葉と常緑針葉樹の緑のコントラストが美しい。写真奥の山体は韓国岳

ある。六観音御池周辺はこれらの木が多く、紅葉が美しいので秋には多くの観光客が訪れる（写真❾）。

　六観音御池は直径約500m、深さ約12mの火口湖である。周囲には比高20m程度の小丘が連なり火口縁をつくっているが、西側火口縁は後の白紫池からの溶岩によって覆われている。火口の北から東部にかけてはベースサージ堆積物が分布しており、六観音御池はマグマ水蒸気爆発の激しい噴火によってつくられたマールであることがわかる。流出する河川はないが、雨が降って白紫池の水位が上昇すると、そこから溢れた水が流入する。

　池の北には、この池の名前の由来となった六体の観世音をまつる小さな六観音堂があり、その参道には樹齢数百年程度のスギの巨木が並ぶ。

STOP 8：不動池溶岩流

　不動池は、韓国岳の北東にある直径約150m、深さ約8mの火口湖であ

❿ 硫黄山北斜面から見た不動池。手前のピンクの花はミヤマキリシマ

⓫ 硫黄山火口内の硫黄採掘場跡。写真中央やや左下に見える石組みが噴気を導いた煙道の跡

る（写真⓰）。流入・流出する河川はない。湖水は、かつては強い酸性（pH 4.5）を示していたが、硫黄山の噴気の低下とともに酸性度が弱まり、現在は降水とほぼ同じ（pH 5.6）である。不動池は大きく分けると2回の噴火活動を起こしていて、最新の活動は1700年くらい前と考えられている。不動池から流れ出した溶岩はおもに北側に流れ、甑岳を南側から取り巻くようにその東西両側に流れ下っている。池めぐりコースの途中では、この溶岩がつくる溶岩堤防や溶岩じわなどの溶岩流地形がよく観察できる。

STOP 9：硫黄山

硫黄山1768年（江戸時代）にできたと考えられている。霧島山の中では最も新しい火山体である（最近の研究では1768年よりもやや古いらしいことがわかっている）。比高は50 m程度であるが、頂部には直径約100 mの浅い火口があり、付近には最大径10数mに達するパン皮状火山弾が多く見られる。北側には溶岩じわなど、溶岩流特有の地形を残したデイサイト質の溶

■ 21 霧島山 宮崎県・鹿児島県

⓬ 韓国岳の崩壊壁に見られるアグルチネート

岩が観察できる。硫黄山の南部では岩石が噴気活動で変質し、著しく珪岩化している場所もある。硫黄山では1962年まで硫黄を採掘していたが、当時の「硫黄畑」の石積みが火口内や周辺にたくさん残されている（写真⓫）。

硫黄山から南東側には、韓国岳の大きな山体を望むことができる。大きく崩壊していて、韓国岳の内部構造をよく観察することができる。崩壊壁を見ると、現在の韓国岳は少なくとも3つのユニットからなるアグルチネートで山体がつくられていることがわかる（写真⓬）。

硫黄山と崩壊地の間には、崩壊の方向に直交するように数列の流れ山がある。流れ山を構成する岩塊には、直径10m以上の韓国岳を構成していたアグルチネートが含まれている。

硫黄山とその周辺の地域には高さが10mを超えるような高木はなく、ススキとミヤマキリシマが広がっている。これは、この付近の噴気活動が非常に活発で、ススキやミヤマキリシマのような先駆（パイオニア）植物しか生育ができなかったためである。

191

姶良カルデラと桜島 ★☆☆

- カルデラ、成層火山
- 桜島北西部
- 桜島フェリー
- 湯之平展望所、有村溶岩展望所

巨大カルデラと成層火山の地形を体感！

　桜島へのアクセスは、鹿児島市街地側から桜島フェリーに乗って海を渡るか、大隅半島側から陸路で行く方法がある。本コースは桜島フェリーターミナルを起点とするため、フェリーで桜島へアクセスする方法がおすすめ。

　姶良カルデラは、桜島の北側、鹿児島湾（錦江湾）の奥部に位置する直径約20kmのカルデラである。このカルデラ地形は複数回の巨大噴火によってできたと考えられるが、約2万9000年前に起きた噴火は、過去10万年間の姶良カルデラの噴火の中で最大規模であり、現在のカルデラ地形に大きな影響を与えた。この2万9000年前の巨大噴火で噴出した大規模火砕流（入戸火砕流）は、カルデラの中心から半径70km以上も広がり、南九州一帯にシラス台地を形成した。鹿児島を代表する火山地形「シラス台地」もぜひ観察してほしい。

　姶良カルデラの巨大噴火から3000年程の休止期を経て、約2万6000年前にカルデラの南縁で桜島の火山活動が始まった。その後、約5000年前まで活動が続き、北岳を形成した。約4500年前からは、火口の位置が南へ移動し、現在まで南岳の活動が続いている。2つの火山体が南北に並んでいるため、鹿児島市街地から見ると横長でどっしりとしたかたちに見えるのが桜島の特徴である。

　本コースは、姶良カルデラと桜島の火山地形を観察しながら歩き、火山の麓に住む人々の暮らしも感じられる約2時間のウォーキングコースである。坂道はなく、海沿いに続く平坦な道なので、気軽にウォーキングが楽しめる。コース沿いに路線バスが走っているため、疲れたら途中で引き返すこともできるのでご安心を。

STOP 1：小池展望公園

　桜島港をスタートし、約7分歩くと小池展望公園に到着する。桜島の眺めが抜群。横長でどっしりとした感じの桜島らしい風景だ。ここに到着するまで桜島がまったく見えないが、それはシラス台地の縁を歩いているためである。

❶ 小池展望公園から見た桜島

この展望スポットはちょうど姶良カルデラの縁にあたる場所。今までは姶良カルデラの外側、ここからはカルデラの内側を歩くことになる。対岸の北側に見える急な斜面はカルデラ壁である。

ここから歩いて約10分で桜洲小学校前の交差点に到着する。この小学校の入口横には桜島大正噴火の爆発記念碑がある。当時の噴火のすごさを物語る内容が碑文に刻まれている。

STOP 2：長谷港

桜洲小学校前から歩いて約3分で長谷港に到着する。振り返って南西を見ると、**STOP 1**の場所がシラス台地であったことがよくわかる。このシラス台地は桜島の誕生前から存在していたものである。

北から西にかけてはカルデラ壁、西から南西にかけては鹿児島市街地のシラス台地が観察できる。目の前に見える海は姶良カルデラの内部であり、海とつ

❷ 長谷港から見たシラス台地（袴腰）

ながっていなければカルデラ湖になっていたかもしれない。

STOP 3：長谷川

長谷港（**STOP 2**）から歩いて約12分で長谷川に到着する。川といっても水は流れていない。水はけのよい桜島に川は存在せず、あるのは水無川だけ。大雨の際に土石流が流れる川である。桜島の北西部は土石流が堆積してできた火山麓扇状地である。ここからは、緩やかな斜面が形成されている様子が観察でき、自分が扇状地に立っていることが実感できるだろう。

❸ 長谷川から見た扇状地の地形

STOP 4：武登山口

長谷川（**STOP 3**）から歩いて約13分で「武登山口」のバス停に到着する。このバス停近くから山手側に上る道の角に「御嶽登山口」と書かれた石碑が建っている。ここがかつての登山道の入口であったことを伝える貴重な遺産だ。桜島が現在のような山頂噴火をくり返す火山活動を始めた1955年から登山禁止となっている。現在は登山口ではないが、かつての名残でバス停の名前は「登山口」のままである。

❹ 御嶽登山口の石碑

STOP 5：藤野の避難港

　武登山口（**STOP 4**）から歩いて約9分で藤野の避難港に到着する。避難港とは、桜島大噴火の際に住民が島外避難するための港である。桜島フェリーなど9隻の船が島内22か所の避難港へ住民を迎えに行く避難計画が立てられている。毎年大規模な避難訓練が行われ、実際にフェリーを避難港へ着岸させる訓練も行われている。

　ここからの桜島の眺めは、横長でどっしりとしたかたちではなく、少しスリムな形になって山頂付近がギザギザしている。これは桜島を構成する2つの火山体（北岳・南岳）のうち、おもに侵食が進んだ古い火山体（北岳）が見えているためである。侵食されたものは土石流となってこのあたりにも堆積して扇状地を形成した。噴火の歴史だけでなく、侵食の歴史を想像するのも面白い。

❺ 藤野の避難港から見た桜島（おもに北岳）

STOP 6：クロマツ親水公園

　藤野の避難港（**STOP 5**）から歩いて約10分でクロマツ親水公園に到着する。とても眺めがよく、トイレもあるので、休憩するのにちょうどよい。ここからは西側のカルデラ壁だけでなく、東側のカルデラ壁も見え、ここがカルデラの内部であることが実感できる。ちなみに、ここの山手側にある桜島中学校は、サッカーワールドカップ日本代表として3大会連続出場の遠藤保仁選

■ 22 姶良カルデラと桜島　鹿児島県

手の母校である。後輩たちがサッカーボールを蹴る音が聞こえてくるかもしれない。

STOP 7：桜峰小学校

クロマツ親水公園（STOP 6）から歩いて約 12 分で桜峰小学校に到着する。正門を入って左手に桜島爆発記念碑がある。この記念碑には、大正噴火の際の西桜島村における状況と、被災後の対応が細かく記されている。碑文には爆発の前兆現象のこと、毒ガスが発生するという流言があったこと、役場が移転したこと、救済金の額などが刻まれている。記念碑を見学するときは事前に小学校へ連絡を（099-293-2005）。

STOP 8：電子基準点

桜峰小学校（STOP 7）から歩いて約 13 分で広場に立つ「つくし」のようなかたちをした銀色の鉄塔が見える。これは国土地理院が設置する電子基準点だ。電子基準点とは、衛星からの電波を連

❻ クロマツ親水公園から見た姶良カルデラの西壁

❼ 桜峰小学校にある桜島爆発地記念碑

197

続的に受信し、地殻変動を捉えるための施設。火山活動によって地殻変動が起これはこれでキャッチできる。噴火予知に欠かせない施設の1つだ。体で感じることはできないが、今も地球の表面は少しずつ動いている。

STOP 9：二俣の避難港

電子基準点（**STOP 8**）から歩いて約9分で二俣の避難港に到着する。ここには京都大学桜島火山観測所の潮位送信室がある。マグマの上昇に伴って山体が膨張すると地面が隆起し、潮位が下がったようにみえる。ここも噴火予知に欠かせない施設の1つだ。桜島は、気象庁、京都大学、鹿児島大学など、さまざまな機関によって観測されている。日本の中で最も観測体制が整っている火山の1つだ。安心してウォーキングを楽しめる。

❽ 二俣の避難港にある京都大学桜島火山観測所の設備

STOP 10：白浜の避難港

　二俣の避難港（**STOP 9**）から歩いて約 8 分で白浜の避難港に到着する。ここから見える桜島はきれいな三角形をしており、地元の人以外でこの形を見て桜島とわかる人は少ないだろう。これは、南北に連なる 2 つの火山体（北岳、南岳）のうち、1 つの火山体（北岳）しか見えていないためだ。

　海を眺めると改めて姶良カルデラの大きさを感じることができる。われわれは海面しか見ることはできないが、この海の下には水深 200 m 以上の深海が存在する。海底地形まで含めて想像すると、この巨大なカルデラのすさまじさを感じることができるだろう。

　最後は白浜温泉センターで汗を流すのがおすすめ。バス停で帰りの時間を確認してから温泉でゆっくりと疲れをいやそう。

❾　白浜の避難港から見た桜島

あとがき

　本書の執筆は、火山学者が主ですが、火山を多様な視点で研究する方々にも依頼して作成しました。自由に書いていただいたため、本書の統一感という意味ではあまりないように感じる読者の方もいるかもしれませんが、執筆者の火山への思いがじつによく現れていると思います。たとえば、火山、特に火口付近が危険であることをメッセージに込める方、火山の恵みのすばらしさをメッセージに込める方、火山をもっと知ってもらいたいというメッセージを込める方などとても多様です。ですから、本書を手に取った方にお願いしたいのは、これから行こうと思っている火山の箇所だけでなく、ぜひ、すべての火山を読んでいただきたいと心から思います。一気通貫で読んでいただくと、1つの火山現象をとっても、山の歩き方や見方をとっても、いろいろな表現を使っていることに気づいてくださると思います。さらに、執筆者の中には、文字通り、その火山にまたは火山学に人生の大半をかけている方もいます。その生き方も感じ取っていただけたら望外の喜びです。

　本書は3年ほどの期間を経てやっと刊行することができました。これはひとえに本書に関係した皆様のご協力のおかげです。最後になりましたが、執筆された方々、そして編集で辛抱強くお待ちいただいた丸善出版の堀内洋平氏に心から御礼申し上げます。

2016年9月

新堀　賢志

索　引

あ

アア溶岩　78, 97
アア溶岩流　98
アグルチネート　78, 191
アンカー工　71

い

硫黄　40, 161, 172
イオウゴケ　68
硫黄酸化細菌　116
一等三角点　29, 43, 54, 179

か

火口　27, 46, 51, 54
火口原　9, 20
火口湖　27, 52, 163, 186, 189
火口底　60, 79, 129, 163
火口壁　38, 60, 80, 100, 102,
　128, 164
火砕丘　43, 50, 126
火砕サージ　18
火砕流　18
火砕流堆積物　10, 146, 148

火砕流台地　119
火山ガス　25, 49, 105, 127
火山観測所　198
火山弾　25, 47, 81, 109, 147,
　177
火山灰　25, 77
軽石噴火　15
カルデラ　43, 163, 193
岩石裸地　40
岩屑なだれ　17, 58
岩脈　43, 80, 102

き

偽火口　112

く

クリンカー　39, 91
クロボク土　140

こ

降下火砕堆積物　27, 146
降下火砕物　10, 27

後カルデラ火山 7, 163
古期山体 164

さ

山体崩壊 58, 67, 125
山頂火口 8, 27, 111

し

潮だまり 92
ジオパーク 96, 134, 171, 181
蒸気井 71
シラス台地 193
白ゾレ 125
新期山体 164

す

水蒸気噴火 15, 30
水蒸気噴火堆積物 10
スコリア 76, 108, 137, 166
スコリア丘 37, 86, 108, 133
スコリア層 135, 137
ストロンボリ式噴火 43, 46
スパター丘 81, 82
スラッシュなだれ 83

せ

成層火山 15, 51
せき止湖 66, 89, 90

そ

造成温泉 71

た

タイドプール 92
タフリング 86

ち

中央火口丘 9, 47
柱状節理 91, 92, 130

つ

津波 19

て

泥火山 153
デイサイト 144, 151, 190
天明泥流 126

と

独立単成火山群　84
土石流　58, 72, 149, 173, 195

な

流れ山　17, 27, 58, 67
縄状溶岩　98

に

二酸化硫黄　41
二次爆発口　112
二重山稜地形　10

は

爆裂火口　107
爆裂カルデラ　58
馬蹄形カルデラ　35, 125
パホイホイ溶岩　98
パホエホエ（パホイホイ）溶岩　78

ふ

風穴　137, 176
複成火山　84, 181
プリニー式噴火　159
ブルカノ式噴火　158, 177

ブロック相　62
噴火警戒レベル　2, 131
噴気　29, 53
噴石　107, 127

ほ

ポットホール　139
ホーニト　101
ボムサグ　107

ま

マグマ水蒸気爆発　107
マトリックス相　62
マール　86, 115

み

水無川　195

よ

溶岩　37, 91
溶岩球　39
溶岩湖　102
溶岩尖塔　179
溶岩堤防　46
溶岩ドーム　9, 86, 158, 175

溶岩裸地 39
溶岩流 97, 113
溶結現象 20

硫化水素ガス 41

ローブ地形 17

割れ目火口 20, 103
割れ目噴火 103, 120

日本の火山ウォーキングガイド

平成 28 年 10 月 31 日　発　行

編　者　　特定非営利活動法人
　　　　　火山防災推進機構

発行者　　池　田　和　博

発行所　　丸善出版株式会社
〒101-0051　東京都千代田区神田神保町二丁目17番
編集：電話 (03) 3512-3265／FAX (03) 3512-3272
営業：電話 (03) 3512-3256／FAX (03) 3512-3270
http://pub.maruzen.co.jp/

© NPO Organization of Volcanic Disaster Mitigation, 2016

DTP 作成・斉藤綾一／印刷・富士美術印刷株式会社
製本・株式会社 星共社

ISBN 978-4-621-08848-7 C 0040　　　　　Printed in Japan

本書の無断複写は著作権法上での例外を除き禁じられています.